绿色建筑技术丛书（一）

国家住宅与居住环境工程技术研究中心设计建造研究室策划

绿色建筑结构体系评价与选型技术

娄　霓　张兰英　任　民　著

中国建筑工业出版社

图书在版编目(CIP)数据

绿色建筑结构体系评价与选型技术/娄霓等著. —北京：中国建筑工业出版社，2010.12
绿色建筑技术丛书（一）
ISBN 978-7-112-12666-8

Ⅰ.①绿… Ⅱ.①娄… Ⅲ.①建筑工程-结构体系-无污染技术 Ⅳ.①TU3 ②TU-023

中国版本图书馆CIP数据核字(2010)第228031号

责任编辑：张 建 刘 静
责任设计：赵明霞
责任校对：张艳侠 赵 颖

绿色建筑技术丛书（一）
国家住宅与居住环境工程技术研究中心设计建造研究室策划
绿色建筑结构体系评价与选型技术
娄 霓 张兰英 任 民 著
*
中国建筑工业出版社出版、发行(北京西郊百万庄)
各地新华书店、建筑书店经销
北京嘉泰利德公司制版
北京建筑工业印刷厂印刷
*
开本：787×1092毫米 1/16 印张：10½ 字数：252千字
2011年3月第一版 2011年3月第一次印刷
定价：**32.00**元
ISBN 978-7-112-12666-8
(19901)

前 言

近年来，全社会的绿色、环保意识在不断增强，营造绿色建筑、健康住宅正成为越来越多的开发商、建筑师追求的目标。人们不但注重单体建筑的质量，也关注小区的环境；不但注重结构安全，也关注室内空气的质量；不但注重材料的坚固耐久和价格低廉，也关注材料消耗对环境和能源的影响。

人类的建筑活动是社会经济生活中不可或缺的内容。工业社会以来，建筑发展成了社会经济进步的重要动因，但在发展过程中对社会资源、能源的消耗，又使之成为当代资源、能源危机的重要根源之一。而其中，由于结构的材料生产、构件运输、结构施工、使用维护等带来的资源、能源消耗又占了很大的比重。因此，作为建筑物的骨架——结构体系及其配套技术的集成，如何为我国绿色建筑的发展提供有力的技术支撑，推动建筑业和相关产业的科技进步，成为当前绿色建筑关键技术研究中的重要内容。

本书是2004年1月开始并实施了两年半的“十五”国家科技攻关计划项目“绿色建筑关键技术研究”的课题二“绿色建筑的结构体系与评价方法研究”的部分成果。在课题实施的这段时间里，课题主持单位中国建筑设计研究院和国家住宅与居住环境工程技术研究中心联合了浙江东南网架集团有限公司、建设部科技发展促进中心、天津大学和北京建筑工程学院四家行业知名单位和院校共同组成了合作团队，进行了深入的研究。

由于建筑结构基础数据库在国内属于首次建立，我国的地域幅员辽阔，各地区的资源、气候和建筑功能差异很大，需要调查的数据种类多、数量大，数据获取渠道少，给研究工作带来很大难度。同时，在对各类建筑结构体系进行从建设、使用到拆毁全生命周期的能源、资源计量和对环境的影响分析中，地域差异、建成年代、建筑功能等影响因素也给研究工作带来了很大的技术难点。在此非常感谢课题组成员给予的积极协助和配合，最终我们获得关于结构耗材调研案例共有226个，分布在25个省、50个市县；关于结构体系分布状况的调研案例共有743个，分布在90个城市；关于施工现场的调研案例共有68个，位于北京；遗憾的是，最想获得的关于建筑结构实际使用寿命的调研案例由于收集困难，最终是通过资料的收集与分析完成的。

期望本书的出版可以促进我国旧有结构选型理念的改变，使读者反思当前建筑结构体系评价与选型中存在的不符合可持续发展的观念，对推动我国绿色建筑结构评价方法和选型技术的发展、建立绿色建筑结构选型技术导则起到积极作用。

2010年12月

目 录

Green Building Structure System Evaluation and Selection Techniques

Contents

第1篇　结构体系基础数据分析

1　背景

结构体系的绿色性能是绿色建筑评价的重要内容之一，但关于结构体系绿色评价的基础数据，目前国内还没有系统建立。通过对结构体系基础数据开展收集与分析工作，合理地确定绿色结构评价软件的评分标准，可为结构体系的评价与选型研究提供必要的技术基础。

2　基础数据收集

为了对结构体系进行能源资源计量和对环境的影响分析，完成主要的建筑结构体系全生命周期技术经济分析，工作组设计了三类调研表格，对各类建筑结构体系进行调研。调研时间为2003~2005年，调研内容包括各地区结构体系分布状况、各类结构体系耗材量与成本统计、建筑结构实际使用寿命状况。(调研表设计格式详附录A)

通过调研工作，获得的关于结构耗材调研案例共有226个，分布在25个省、50个市县（图1-1和表1-1）；关于结构体系分布状况的调研案例共有743个，分布在90个城市（图1-2），其中抗震设防烈度7度地区案例占65%，6度地区和8度地区相差

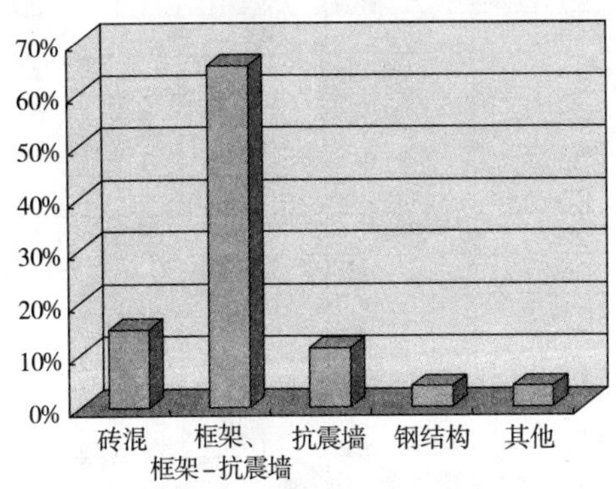

图1-1　结构耗材调研案例状况

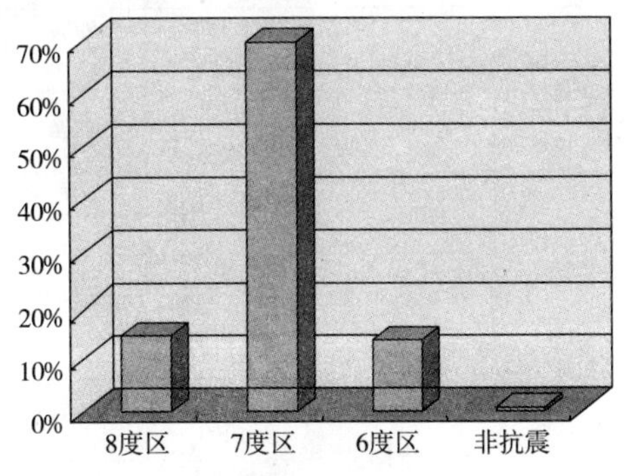

图1-2　结构体系分布调研案例状况

不多，分别为10%左右，非抗震设防烈度地区案例较少，这与我国非抗震地区较少有关。关于建筑结构实际使用寿命的调研案例收集较困难，未能实现预期目标。

结构耗材调研案例分布地区表 **表1－1**

省、直辖市、自治区	市、县	省、直辖市、自治区	市、县
北京	北京	安徽	合肥、阜阳、淮南、庐江
上海	上海	福建	福州、泉州、厦门
天津	天津	广东	广州、深圳
重庆	重庆	吉林	长春
云南省	昆明	山东	潍坊、威海、济南、济宁、青岛、肥城
陕西	西安	四川	成都
内蒙古	呼和浩特	湖南	长沙、郴州
新疆	乌鲁木齐	贵州	贵阳
河北	唐山、石家庄、邯郸、衡水、邢台、元氏县	湖北	武汉
甘肃	兰州	江西	南昌、抚州
河南	灵宝、郑州	广西	南宁
辽宁	大连、沈阳、本溪	黑龙江	哈尔滨
江苏	南京、徐州、扬州	25个省	50个市县
浙江	杭州		

3 基础数据分析

3.1 结构体系分布状况

对743个调研案例进行汇总，得出统计表1－2、表1－3。

2000～2003年全国案例统计表 **表1－2**

烈度	建筑功能	层数	砖混	框架、框剪	抗震墙	钢结构	其他结构
8度	住宅	1～9层	29%	42%	25%	4%	
		10层以上		44%	50%		6%
	公共建筑	1～9层		94%		6%	
		10层以上		94%	6%		
7度	住宅	1～9层	22%	60%	10%	2%	6%
		10以上		29%	65%		6%
	公共建筑	1～9层		85%		15%	
		10层以上		94%	3%	3%	
6度	住宅	1～9层	40%	55%			5%
		10以上		33%	50%		17%
	公共建筑	1～9层		85%		15%	
		10以上		100%			
非抗震	住宅	1～9层	100%				
		10以上					
	公共建筑	1～9层		100%			
		10以上					

注：以上数据分别来自90个城市，共计517个案例。

从表 1－2 中可以得出以下结论：

(1) 在各地区建设的多层住宅（1～9 层）采用砌体结构的比例较高，特别是在抗震设防低烈度地区。这主要是因为我国砌体结构技术成熟，应用历史较长，造价低廉，能满足住宅建筑的各项性能要求。

(2) 在各地区建设的多层住宅采用钢筋混凝土框架和框架－抗震墙结构的比例最高；高层住宅采用抗震墙结构的比例最高，达到50%以上。一方面，这与钢筋混凝土结构抗震性能较好有关；另一方面，也说明钢筋混凝土结构的设计和施工技术比较成熟，造价合理，普及度较高。

(3) 在各地区建设的多层与高层公共建筑中大多数采用钢筋混凝土框架、框架－抗震墙结构，少数采用钢筋混凝土抗震墙结构、钢结构，极少采用砌体结构或其他结构体系。究其原因是因为公共建筑要求建筑室内空间大而灵活，且具有较强的空间可改造性；砌体结构一般开间较小，空间改造灵活度差，不能满足公共建筑空间灵活布置的要求；钢筋混凝土抗震墙结构虽可提供相对较大的开间，但可改造性也不及框架、框架－抗震墙结构；钢结构在我国发展较慢，设计队伍及施工队伍不普及，造价较高，因此应用也不普遍。

(4) 钢结构和其他结构体系在各地区采用的都很少，发展空间很大。

(5) 当前我国的建筑结构体系选型的主要影响因素是建筑类型、使用功能、工程造价和抗震要求。

三大城市住宅统计表　　表 1－3

城市	1～9 层住宅			10 层以上住宅		年代
	砌体结构	框架和框剪结构	抗震墙结构	框架和框剪结构	抗震墙结构	
北京#	22%	34%	44%	13%	87%	2000～2005 年不完全统计
北京#	23%	34%	43%	10%	90%	1988～2005 年不完全统计
北京				3% *	97% *	截止 1986 年
上海				43% *	57% *	截止 1986 年
天津				2% *	98% *	截止 1990 年

注：#——数据来自北京市的 226 个案例统计；*——为 8 层及以上住宅数据。

从表 1－3 中可以得出以下结论：

(1) 北京地区 1～9 层住宅砌体结构和钢筋混凝土框架、框架－抗震墙、抗震墙结构的应用都占有一定比例，其中钢筋混凝土抗震墙结构最多。原因一，北京大多数地区抗震设防烈度为 8 度，无筋的砌体结构最高只允许建到 6 层 18 米，而北京 6 层以下住宅比例较低。原因二，由于框架结构、框架－抗震墙结构会造成房间内露梁、露柱，因此人们对钢筋混凝土抗震墙结构的认可度比前两者高，虽然前两者空间灵活，可改造度高，但通过大开间抗震墙和抗震墙开大洞等技术手段也可以达到同样效果。

(2) 北京地区高层住宅中钢筋混凝土抗震墙结构占据了绝对优势，因为随着房屋层数的提高，地震作用加大，使得框架、框架－抗震墙结构中的框架梁、柱截面增加很多，特别是抗震设防烈度8度地区，影响了空间的使用，并且使得建造该类结构的住宅不经济。

(3) 上海和天津由于缺乏1~9层住宅的统计数据，因此多层住宅的分布规律还有待于继续调研。

(4) 上海和天津大部分地区抗震设防烈度均为7度，高层住宅大多采用钢筋混凝土抗震墙结构；但在上海，人们对框架和框架－抗震墙结构的接受度比天津高。

(5) 从我国三大城市住宅的结构体系分布情况可以看到，钢筋混凝土结构在我国住宅中占据了绝对优势，说明我国钢筋混凝土技术的普及程度很高。砌体结构虽然技术成熟，但由于其结构特点不能建很高的层数，因此应用量受到限制。其他如钢结构、木结构等结构形式在我国的发展程度不高，设计、施工人员不熟悉，相应的规程、规范还有待发展。

3.2 结构材料用量分析

3.2.1 数据分析方法

工作组采用区间估计的方法对基础数据进行分析研究，以期得到各类设计值的合理范围，分析方法如下：

设样本为 X_1，X_2，……，X_n（n 是试验数据个数），记 $\bar{X}=\frac{1}{n}\sum_{i=1}^{n}X_i, S^2=\frac{1}{n-1}\sum_{i=1}^{n}(X_i-\bar{X})^2$。视它们为随机变量，由数理统计理论：

$$\frac{\bar{X}-\mu}{S/\sqrt{n}} \sim t\ (n-1),$$

母体期望（理论上的大平均值）μ 的区间估计计算式为：

$$\bar{X}-\frac{S}{\sqrt{n}}t_{\frac{\alpha}{2}}\ (n-1)<\mu<\bar{X}+\frac{S}{\sqrt{n}}t_{\frac{\alpha}{2}}\ (n-1)\text{，或}\left[\bar{X}-\frac{S}{\sqrt{n}}t_{\frac{\alpha}{2}}\ (n-1),\ \bar{X}+\frac{S}{\sqrt{n}}t_{\frac{\alpha}{2}}\ (n-1)\right]\text{。}$$

这个置信区间表示需要讨论的μ 应该以 $1-\alpha$ 的概率落进置信区间，即下式成立：概率 $P\{|\bar{X}-\mu|<t_{\frac{\alpha}{2}}\}=1-\alpha$（这里“＜”号和“≤”号是通用的）。其中：α 称为水平，$t_{\frac{\alpha}{2}}$可通过查表求得。查表时可采用 t－分布临界值表（表1-4），在自由度为 $n-1$ 栏里找和α 相对应的所谓临界值。这时表中的α 就是公式中的$\frac{\alpha}{2}$。

t－分布临界值表［求 $P(t>t_\alpha)=\alpha$ 中的 t_α，有关部分］ **表 1－4**

$n-1$ \ $\alpha=$	0.125	0.10	0.05	0.025	0.01	0.005
30	0.6828	1.3104	1.6973	2.0423	2.4573	2.7500
34	0.6818	1.3070	1.6909	2.0322	2.4411	2.7284
35	0.6816	1.3062	1.6896	2.0301	2.4377	2.7238
36	0.6814	1.3055	1.6883	2.0281	2.4345	2.7195

表中查得的数就是临界值（点），它的意义就是说向数轴上随机地抛一个质点“●”，这个“●”应该以α 的概率落到临界值（点）的右侧，即 $P(t>t_\alpha)=\int_{t_\alpha}^{+\infty}\varphi(x)\mathrm{d}x=\alpha$。这里$\alpha$ 恰是 t－分布的密度曲线 $y=\varphi(x)$ 和 x 轴以及垂线 $x=t_\alpha$ 右侧之间所夹的面积，参见图 1－3，其中$\varphi(x)=\dfrac{\Gamma\left(\dfrac{k+1}{2}\right)}{\sqrt{k\pi}\cdot\Gamma\left(\dfrac{k}{2}\right)}\left(1+\dfrac{x^2}{k}\right)^{-\frac{k+1}{2}}$

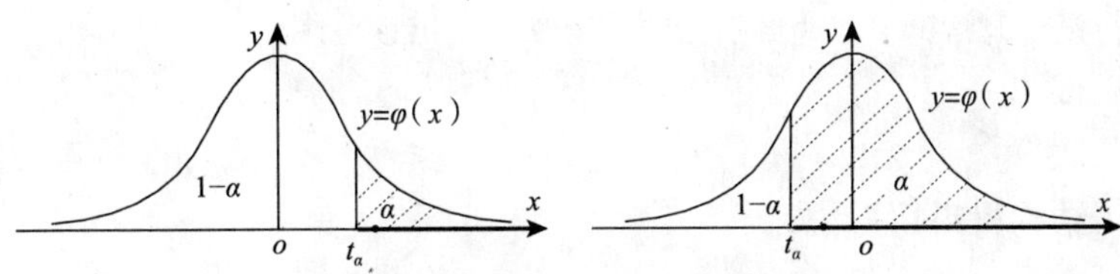

图 1－3 t－分布的密度曲线图

对 7 度区 35 个框架－抗震墙（筒）结构含钢量调研数据用区间估计的方法进行分析。

这里我们的样本容量 $n=35$，$\overline{X}=8.340$，$S=1.7170$，以下分别就置信概率为 0.95、0.90、0.80 给出置信区间（即在正常的情况下结构含钢量的平均值应以较大的概率落入置信区间内，否则我们认为不正常）。查表时采用表 1－4 t－分布临界值表。

①取$\alpha=0.05$，$\dfrac{\alpha}{2}=0.025$，查表得 $t_{\frac{\alpha}{2}}=t_{0.025}=2.0322$，计算得到

$$\overline{X}-\frac{S}{\sqrt{n}}t_{\frac{\alpha}{2}}=8.340-\frac{1.7170}{\sqrt{35}}\times2.0322=7.7502$$

$$\overline{X}+\frac{S}{\sqrt{n}}t_{\frac{\alpha}{2}}=8.340+\frac{1.7170}{\sqrt{35}}\times2.0322=8.9298$$

此时置信区间为［7.7502，8.9298］。

②取$\alpha=0.10$，$\dfrac{\alpha}{2}=0.05$，查表得 $t_{\frac{\alpha}{2}}=t_{0.05}=1.6909$，计算得到

$$\overline{X}-\frac{S}{\sqrt{n}}t_{\frac{\alpha}{2}}=8.340-\frac{1.7170}{\sqrt{35}}\times1.6909=7.8493$$

$$\overline{X}+\frac{S}{\sqrt{n}}t_{\frac{\alpha}{2}}=8.340+\frac{1.7170}{\sqrt{35}}\times1.6909=8.8307$$

此时置信区间为［7.8493，8.8307］。

③取$\alpha=0.20$，$\frac{\alpha}{2}=0.10$，查表得 $t_{\frac{\alpha}{2}}=t_{0.10}=1.3070$，计算得到

$$\overline{X}-\frac{S}{\sqrt{n}}t_{\frac{\alpha}{2}}=8.340-\frac{1.7170}{\sqrt{35}}\times1.3070=7.9607$$

$$\overline{X}+\frac{S}{\sqrt{n}}t_{\frac{\alpha}{2}}=8.340+\frac{1.7170}{\sqrt{35}}\times1.3070=8.7193$$

此时置信区间为［7.9607，8.7193］。

根据上述分析，当置信概率为 0.80、0.90 和 0.95 时，含钢量的取值范围分别为 7.96～8.72t/100m^2、7.85～8.83t/100m^2 和 7.75～8.93t/100m^2。当样本数达到 45 个以上或更多时，我们认为置信概率 0.95 对应的区间范围是大部分框架－抗震墙（筒）结构在 7 度区进行设计时含钢量较为经济合理的范围，超出该范围时建议对结构选型进行论证与分析。

3.2.2 结构材料用量统计

利用上述方法，对获得的 226 个案例的数据进行统计分析，得出置信概率 0.95 对应的各类结构体系不同建筑类型、不同地区的材料用量区间，见表 1－5～表 1－11。

砖砌体结构 **表 1－5**

建筑类型	别墅	住宅	公共建筑
水泥（t/100m^2）	20.9～28.1	10.2～14.4	10.2～14.4
钢（t/100m^2）	2.8～4.2	2.2～3.0	2.2～3.0
混凝土（t/100m^2）	34.0～25.6	17.9～26.3	17.9～26.3
墙材（m^3/100m^2）	35.7～52.5	21.0～31.4	21.0～31.4

注：1. 此处砖砌体特指黏土砖砌体（以下同）。
2. 砖砌体墙材指黏土砖承重墙（以下同）。

小砌块砌体结构 **表 1－6**

建筑类型	别墅		住宅	公共建筑
水泥（t/100m^2）	13.3～18.7		10.2～14.4	10.2～14.4
钢（t/100m^2）	2.8～3.8		2.8～3.8	2.8～3.8
混凝土（t/100m^2）	8 度区	17.8～24.4	18.8～27.6	18.8～27.6
	7 度区及以下	14.8～17.0		
墙材（m^3/100m^2）	24.1～33.3		17.5～26.2	17.5～26.2

注：砌块砌体墙材指混凝土砌块承重墙（以下同）。

混凝土框架结构 表1－7

建筑类型	别墅	住宅		公共建筑	
水泥（t/100m²）	13.4～36.4	8度区	20.8～23.4	8度区	24.4～30.8
		7度区及以下	13.8～21.8	7度区及以下	18.3～26.3
钢（t/100m²）	4.8～6.8	8度区	5.1～7.7	8度区	6.6～9.0
		7度区及以下	4.1～5.9	7度区及以下	6.0～7.4
混凝土（t/100m²）	27.9～40.7	8度区	27.9～40.7	8度区	27.9～40.7
		7度区及以下	28.9～33.7	7度区及以下	28.9～33.7
墙材（m³/100m²）	7.1～29.9	8.3～13.1		8.3～13.1	

注：混凝土框架墙材指填充墙材，为混凝土砌块（以下同）。

混凝土框架－抗震墙结构 表1－8

建筑类型	别墅	住宅	公共建筑	
水泥（t/100m²）	25.6～31.6	22.6～28.0	30.3～34.9	
钢（t/100m²）	6.5～8.1	6.5～8.1	8度区	8.9～10.3
			7度区及以下	7.7～8.9
混凝土（t/100m²）	39.8～50.4	37.4～42.4	37.4～42.4	
墙材（m³/100m²）	4.6～11.2	4.6～11.2	4.6～11.2	

注：混凝土框架－抗震墙材指填充墙材，为混凝土砌块（以下同）。

混凝土抗震墙结构 表1－9

建筑类型	别墅	住宅	公共建筑	
水泥（t/100m²）	25.6～31.6	22.6～28.0	30.3～34.9	
钢（t/100m²）	6.5～8.1	6.5～8.1	8度区	8.9～10.3
			7度区及以下	7.7～8.9
混凝土（t/100m²）	39.8～50.4	37.4～42.4	37.4～42.4	
墙材（m³/100m²）	0.8～10.8	0.8～10.8	0.8～10.8	

注：1. 混凝土抗震墙墙材指填充墙材，为混凝土砌块（以下同）。
2. 由于数据量较少，因此框架－抗震墙与抗震墙的水泥、钢、混凝土的用量统计是合并分析的。

钢－混凝土混合结构 表1－10

建筑类型	别墅	住宅	公共建筑
水泥（t/100m²）	—	5.8～26.0	5.8～26.0
钢（t/100m²）	—	5.8～8.0	7.1～9.6
混凝土（t/100m²）	—	—	—
墙材（m³/100m²）	—	4.6～13.1	4.6～13.1

注：钢－混凝土混合结构墙材指填充墙材，为混凝土砌块（以下同）。

钢框架结构　　表1－11

建筑类型	别墅	住宅	公共建筑
水泥（t/100m²）	5.8～26.0	5.8～26.0	5.8～26.0
钢（t/100m²）	3.5～7.5	5.8～8.0	7.1～9.6
混凝土（t/100m²）	—	—	—
墙材（m³/100m²）	7.1～29.9	4.6～13.1	4.6～13.1

注：1. 钢框架墙材指填充墙材，为混凝土砌块（以下同）。

2. 由于数据量较少，因此钢－混凝土混合结构与钢框架结构的住宅和公共建筑的材料用量统计是合并分析的。

将各类结构体系平均用钢量用图例的形式表达，见图1－4～图1－8。

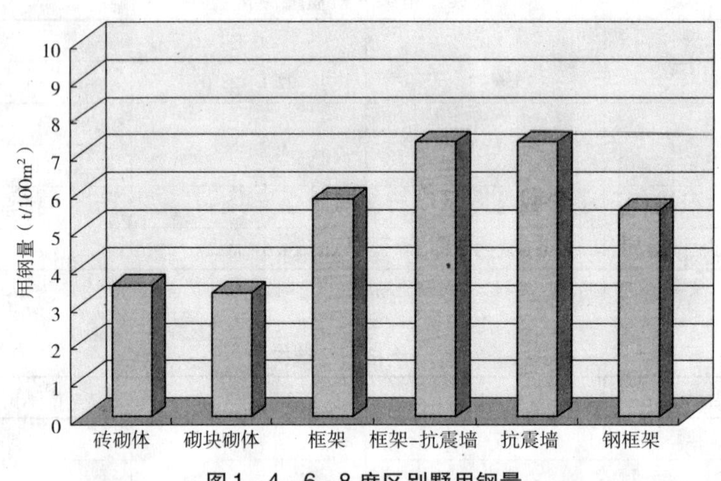

图1－4　6～8度区别墅用钢量

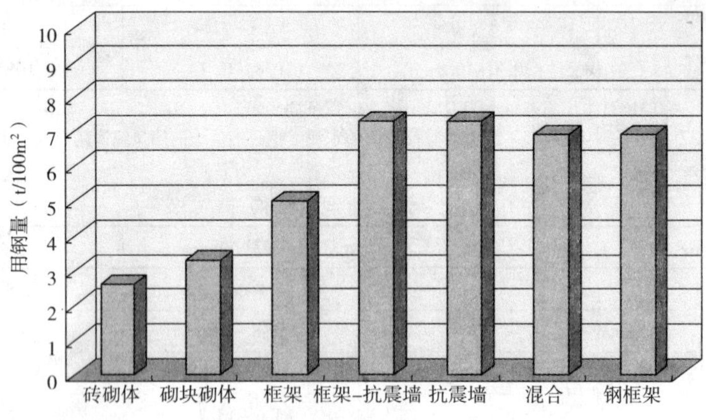

图1－5　6～7度区住宅用钢量

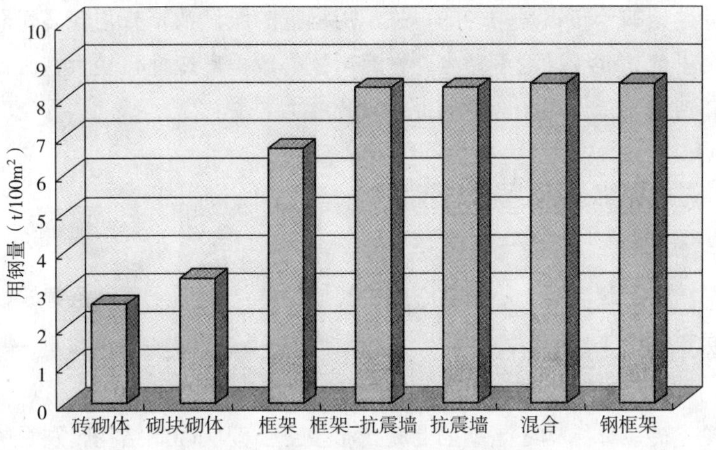

图1-6　6~7度区公共建筑用钢量

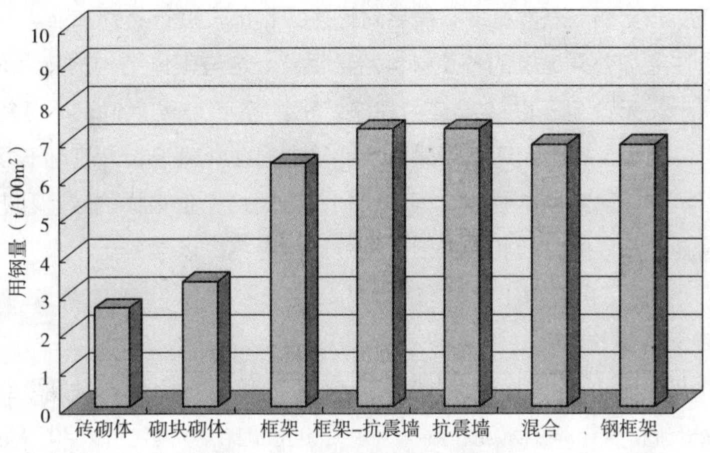

图1-7　8度区住宅用钢量

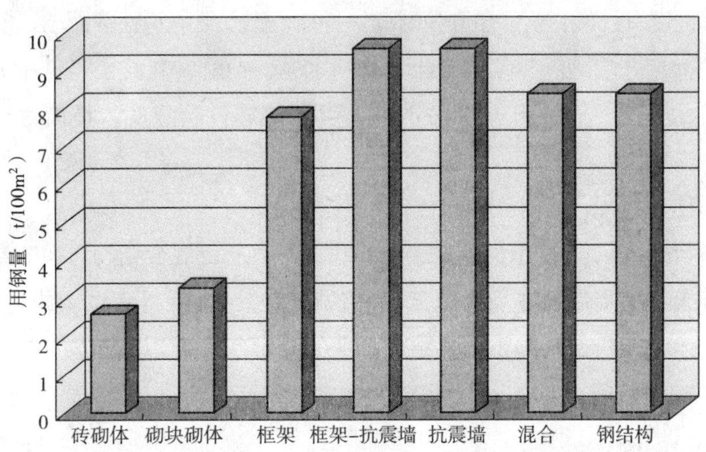

图1-8　8度区公共建筑

由于统计数据的分布不是均匀的，关于用钢量的统计数据相对较多，获得的区间合理性较好；关于填充墙统计数量较少，水泥用量的数据离散性也较大，因此获得的区间范围较大，合理性偏差，有待数据的进一步收集与完善。

3.2.3 影响因素分析

1. 砌体结构

对于砌体结构，除混凝土小型空心砌块配筋砌体结构可用于高层建筑以外，其余均只能用于多层建筑中，具有很高的可比性。对表1-5、表1-6及图1-4～图1-8进行比较分析，可以得出以下结论：

(1) 无论是砖砌体结构还是钢筋混凝土小型空心砌块砌体结构，别墅的各项材料用量普遍比普通住宅和公共建筑高出30%左右，这是因为前者比后者建筑空间复杂，变化较大，特殊节点与复杂节点数量多，需要对许多结构部位进行特殊加强。

(2) 普通住宅和公共建筑的各项材料用量相当。这与砌体结构的特点有关，砌体结构的房屋开间小，无论用于住宅或公共建筑，它的空间布置相似，不可能有很大的变化。这也说明，砌体结构不太适用于建筑功能复杂的公共建筑，一般用于办公建筑中。

(3) 随着抗震设防烈度的提高，砌体结构需要增加承重墙体的数量和芯柱、构造柱的数量来提高其抗震性能，因此混凝土用量有显著提高。以混凝土小型空心砌块砌体结构为例，8度地区比7度及以下地区增加了约25%。

2. 钢筋混凝土结构

比较表1-7～表1-9，框架-抗震墙结构砌块填充墙用量比抗震墙结构多了大约40%。钢筋混凝土框架结构的水泥、钢材、混凝土用量比前两者少，但砌块填充墙比前两者增加有1.3～1.8倍之多，这主要因为框架结构抗震性能没有框架-抗震墙和抗震墙好，一般所建层数也没有框架-抗震墙和抗震墙结构高，因此结构构件截面小，用钢量小。

抗震设防烈度8度地区钢筋混凝土结构的水泥、钢材、混凝土用量比7度及以下地区有不同程度的提高，增幅为10%～30%，可见抗震设防烈度的提高对于材料的用量有显著影响。

3. 钢框架结构、钢-混凝土混合结构

表1-10和表1-11显示，钢框架结构和钢-混凝土混合结构与钢筋混凝土框架结构相比，用钢量稍有提高；在别墅建筑中，钢框架甚至比混凝土框架的用钢量还稍小。但两种结构的水泥用量比混凝土框架结构减少了约65%，所以钢框架结构的综合材料用量比混凝土结构少得多。

4. 结论

单纯从用钢量来说，砌体结构用钢量最少，框架结构次之，钢筋混凝土框架-抗震墙、抗震墙结构最高；公共建筑用钢量比住宅高，这与公建跨度大、空间复杂有关。抗震设防烈度的提高对用钢量影响很大。

3.3 结构资源消耗分析

3.3.1 结构资源消耗指标计算

在第3.2节分析的基础上，利用各类结构体系的材料用量平均值对结构的资源消耗进行计算与分析。计算单体建筑结构建造过程中单位建筑面积所用建筑材料（在生产过程中）资源的消耗量。计算公式如下：

$$E1 = \sum_{i=1}^{n} IR_i M_i \qquad (式1-1)$$

式中 $E1$——单体建筑单位建筑面积所用建筑材料在生产过程中消耗的天然及矿产资源量，t/m²；

IR_i——第 i 种建筑材料在生产过程中单位质量消耗资源的指标，t/t；

M_i——单体建筑单位建筑面积所用第 i 种建筑材料用量，t/m²。

其中 IR_i 的取值详表1－12[3]。

我国建筑材料生产过程中资源消耗、能源消耗和 CO_2 排放量　　表1－12

建筑材料名称	资源消耗量（t/t）	能源消耗量（GJ/t）	CO_2 排放量（t/t）
水泥	1.6	5.5	0.9
钢材	1.8	29.0	2.0
铝材	4.5	180.0	9.5
建筑玻璃	1.4	16.0	1.4
木材	0.1	1.8	0.2
黏土砖	1.9	2.0	0.2
混凝土砌块	1.2	1.2	0.1

注：为计算方便，取小数点后1位。

得到各类结构体系的平均资源消耗数据见表1－13。

各类结构体系资源消耗指标（t/m²）　　表1－13

结构类型	别墅	住宅		公共建筑	
	6～8度	6～7度	8度	6～7度	8度
砖砌体	2.047	1.189	1.189	1.189	1.189
小砌块砌体	0.729	0.570	0.570	0.570	0.570
混凝土框架	0.769	0.529	0.623	0.631	0.736
混凝土框架－抗震墙	0.703	0.650	0.650	0.785	0.808
混凝土抗震墙	0.673	0.620	0.620	0.755	0.778
钢－混凝土混合		0.506	0.506	0.533	0.533
钢框架	0.620	0.533	0.533	0.560	0.560

以图例形式表达如图 1 -9 ~图 1 -13 所示。

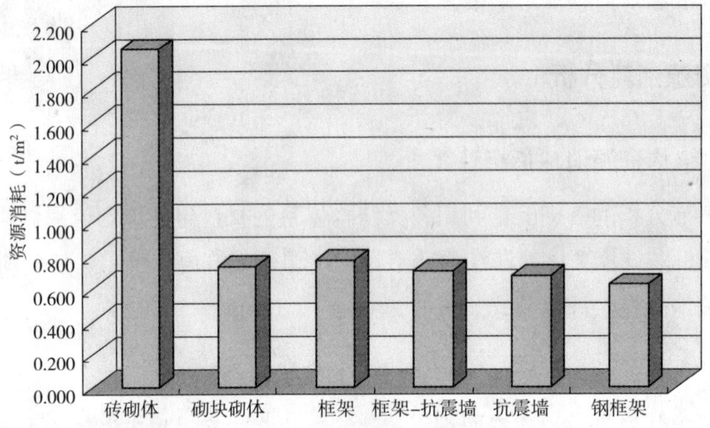

图 1 -9　6 ~8 度区别墅类结构资源消耗

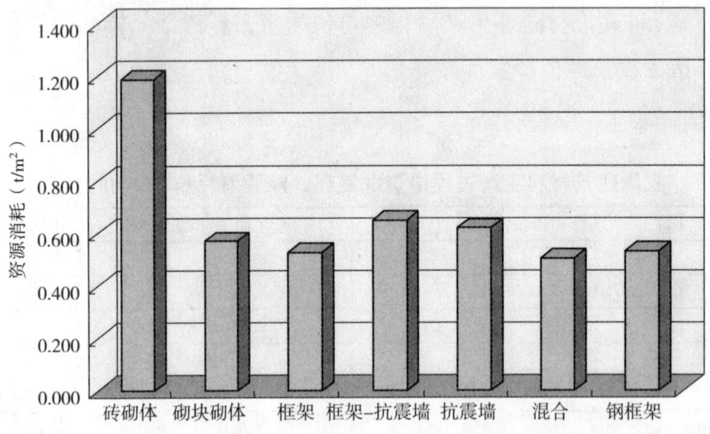

图 1 -10　6 ~7 度区住宅类结构资源消耗

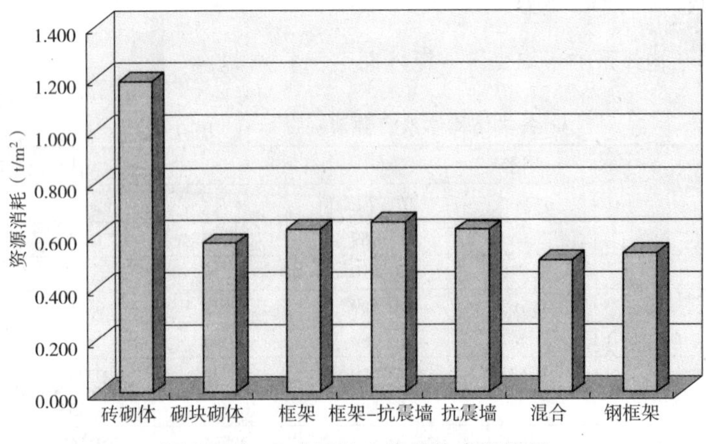

图 1 -11　8 度区住宅类结构资源消耗

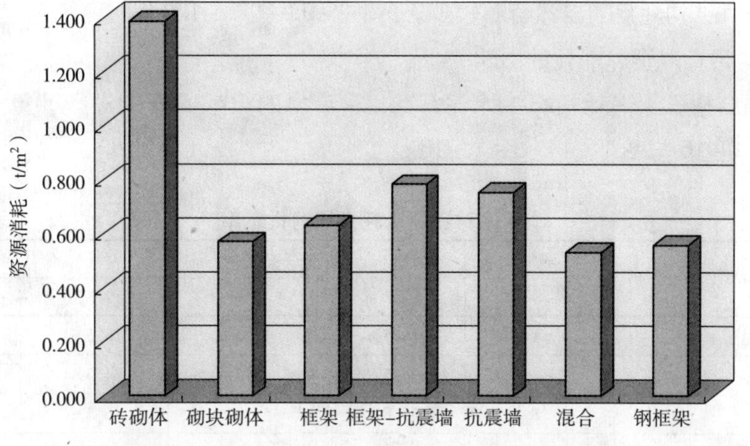

图 1-12 6~7 度区公共建筑类结构资源消耗

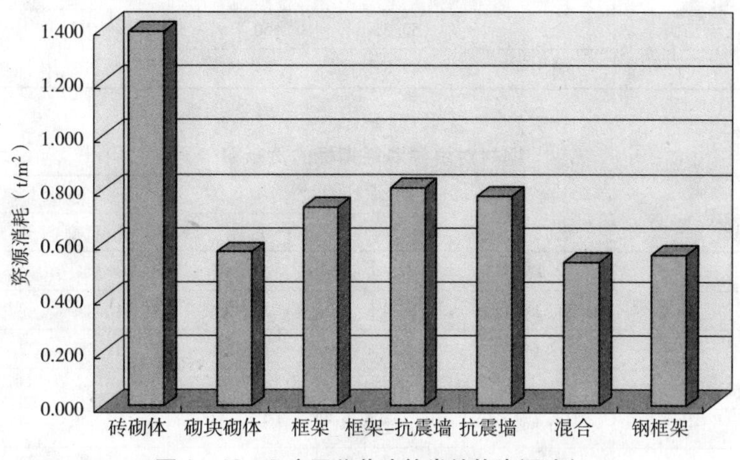

图 1-13 8 度区公共建筑类结构资源消耗

3.3.2 影响因素分析

1. 建筑类型与资源消耗的关系

别墅建筑一般体型较复杂，空间变化丰富，开间与进深大，因此单位面积的材料用量较相同结构类型的普通住宅略高，资源消耗指标也高于普通住宅建筑，其中砌体结构高出约 70%；公共建筑由于使用功能的原因，内部空间跨度大，所以材料用量与资源消耗指标比住宅建筑高，其中混凝土结构的公共建筑比住宅资源消耗高出约 20%。（表 1-13）

2. 结构类型与资源消耗的关系

由于砖砌体结构需要使用大量的黏土砖墙材，耗用的自然资源用量（重量）较高，因此资源消耗指标最差，是砌块结构的 2.1~2.8 倍；混凝土结构由于耗用的钢材与水泥较其他结构体系多，因此资源消耗指标较差；砌块结构与钢结构的资源消耗指标较理

想，说明此类结构耗用的自然资源较少。(图 1－9～图 1－13)

3. 材料用量对资源消耗的影响

将各类结构资源消耗指标中水泥、钢材、墙材的贡献率分别进行计算，结果详表 1－14～表 1－16 与图 1－14～图 1－16。

水泥对资源消耗指标的贡献率　　表 1－14

结构类型	别墅	住宅		公共建筑	
	6～8 度	6～7 度	8 度	6～7 度	8 度
砖砌体	19.1%	16.5%	16.5%	16.5%	16.5%
小砌块砌体	35.1%	34.5%	34.5%	34.5%	34.5%
混凝土框架	51.8%	53.8%	56.8%	56.5%	60.0%
混凝土框架－抗震墙	65.1%	62.3%	62.3%	66.5%	64.5%
混凝土抗震墙	68.0%	65.3%	65.3%	69.1%	67.1%
钢－混凝土混合		50.3%	50.3%	47.7%	47.7%
钢框架	41.0%	47.8%	47.8%	45.5%	45.5%

钢材对资源消耗指标的贡献率　　表 1－15

结构类型	别墅	住宅		公共建筑	
	6～8 度	6～7 度	8 度	6～7 度	8 度
砖砌体	3.1%	3.9%	3.9%	3.9%	3.9%
小砌块砌体	8.2%	10.4%	10.4%	10.4%	10.4%
混凝土框架	13.6%	17.0%	18.5%	19.1%	19.1%
混凝土框架－抗震墙	18.7%	20.2%	20.2%	19.0%	21.4%
混凝土抗震墙	19.5%	21.2%	21.2%	19.8%	22.2%
钢－混凝土混合		24.5%	24.5%	28.4%	28.4%
钢框架	16.0%	23.3%	23.3%	27.0%	27.0%

墙材对资源消耗指标的贡献率　　表 1－16

结构类型	别墅	住宅		公共建筑	
	6～8 度	6～7 度	8 度	6～7 度	8 度
砖砌体	77.8%	79.5%	79.5%	79.5%	79.5%
小砌块砌体	56.7%	55.1%	55.1%	55.1%	55.1%
混凝土框架	34.6%	29.1%	24.7%	24.4%	20.9%
混凝土框架－抗震墙	16.2%	17.5%	17.5%	14.5%	14.1%
混凝土抗震墙	12.4%	13.5%	13.5%	11.1%	10.7%
钢－混凝土混合		25.2%	25.2%	23.9%	23.9%
钢框架	43.0%	28.9%	28.9%	27.5%	27.5%

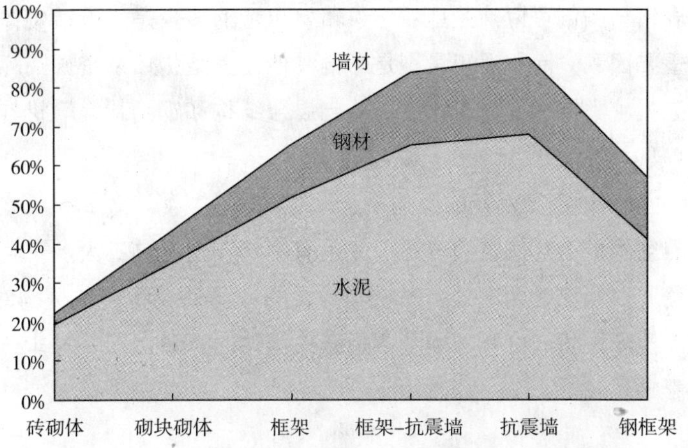

图 1-14 6~8 度区别墅类结构材料对资源消耗的影响程度

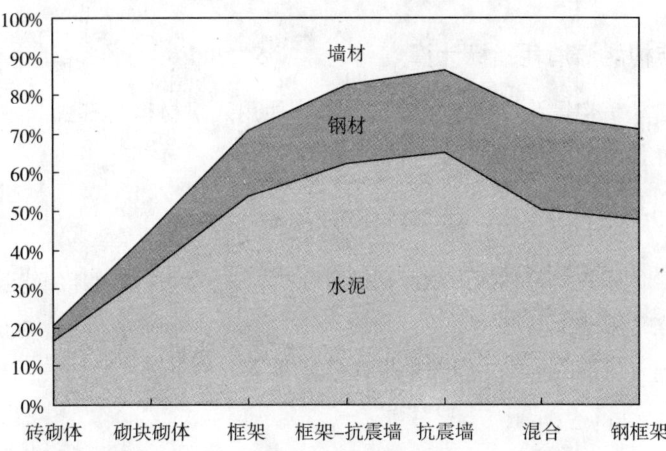

图 1-15 6~7 度区住宅类结构材料对资源消耗的影响程度

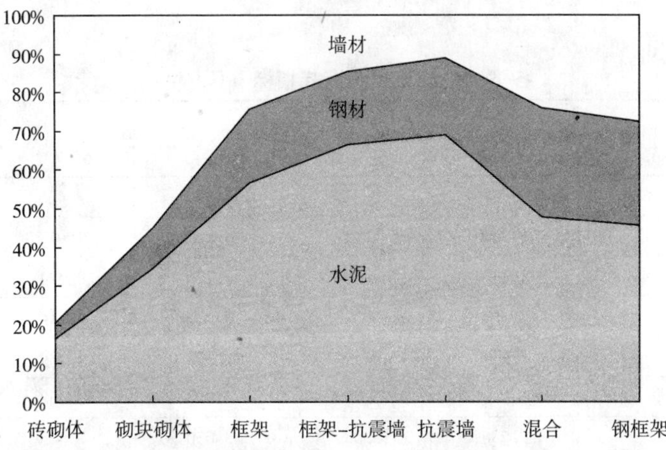

图 1-16 6~7 度区公建类结构材料对资源消耗的影响程度

通过以上表格与图例可以清楚地看出，墙材用量的多少是影响砖砌体与砌块砌体资源消耗指标的重要因素；而水泥用量则是影响其他几类结构体系资源消耗指标的重要因素，尤其是对混凝土类结构；对于钢－混凝土混合结构和钢结构，墙材与钢材的影响逐渐变得重要。

4. 抗震设防烈度对资源消耗的影响

抗震设防烈度的提高对建筑的资源消耗也有影响，但影响不大。这主要因为各种结构形式的建筑资源消耗包含两部分，即结构构件的资源消耗和非结构构件（如填充墙）的资源消耗，而抗震设防烈度影响的主要是结构构件的资源消耗，对非结构构件的资源消耗几乎没有影响。

3.4 结构能源消耗分析

3.4.1 结构能源消耗指标计算

计算单体建筑结构建造过程中单位建筑面积所用建筑材料（在生产过程中）能源的消耗量。计算公式如下：

$$E2 = \sum_{i=1}^{n} IE_i M_i \qquad （式 1－2）$$

式中 $E2$——单体建筑单位建筑面积所用建筑材料在生产过程中消耗的能源量，GJ/m^2；

IE_i——第 i 种建筑材料在生产过程中单位质量消耗能源的指标，GJ/t；

M_i——单体建筑单位建筑面积所用第 i 种建筑材料用量，t/m^2。

其中 IE_i 的取值详表 1－12。

考虑因素与计算方法同资源消耗指标的分析。得到各类结构体系的平均能源消耗数据见表 1－17。

各类结构体系能源消耗指标（GJ/m^2）　　表 1－17

结构类型	别墅	住宅		公共建筑	
	6～8 度	6～7 度	8 度	6～7 度	8 度
砖砌体	4.038	2.426	2.426	2.426	2.426
小砌块砌体	2.250	1.947	1.947	1.947	1.947
混凝土框架	3.318	2.583	3.226	3.324	3.934
混凝土框架－抗震墙	3.804	3.622	3.622	4.314	4.691
混凝土抗震墙	3.774	3.592	3.592	4.284	4.661
钢－混凝土混合		3.003	3.003	3.438	3.438
钢框架	2.736	3.030	3.030	3.465	3.465

以图例形式表达如图 1－17～图 1－21。

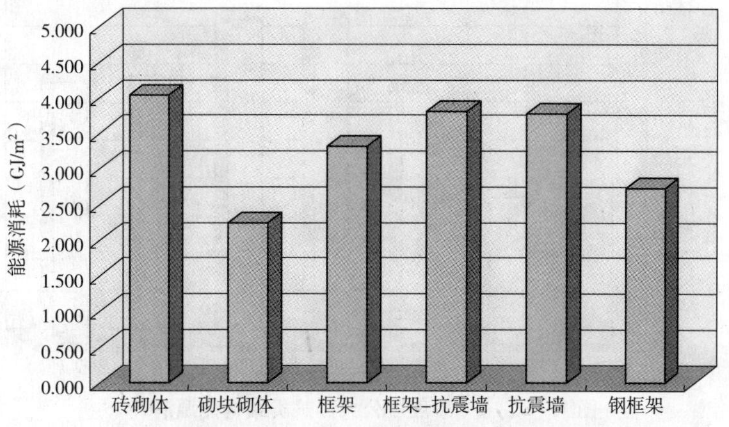

图 1－17 6～8 度区别墅类结构能源消耗

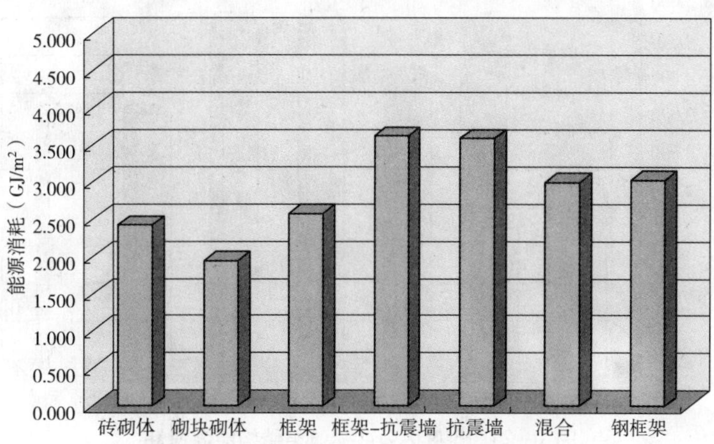

图 1－18 6～7 度区住宅类结构能源消耗

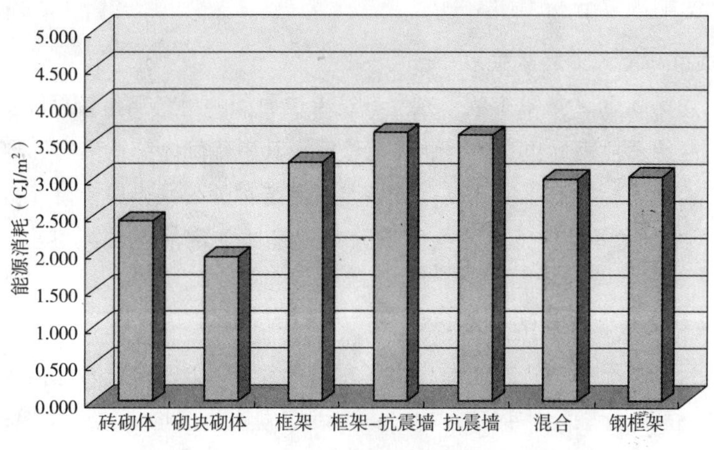

图 1－19 8 度区住宅类结构能源消耗

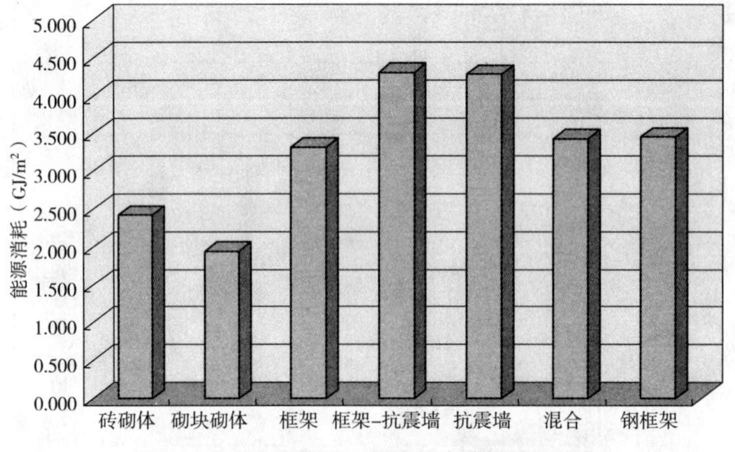

图1－20　6～7度区公共建筑类结构能源消耗

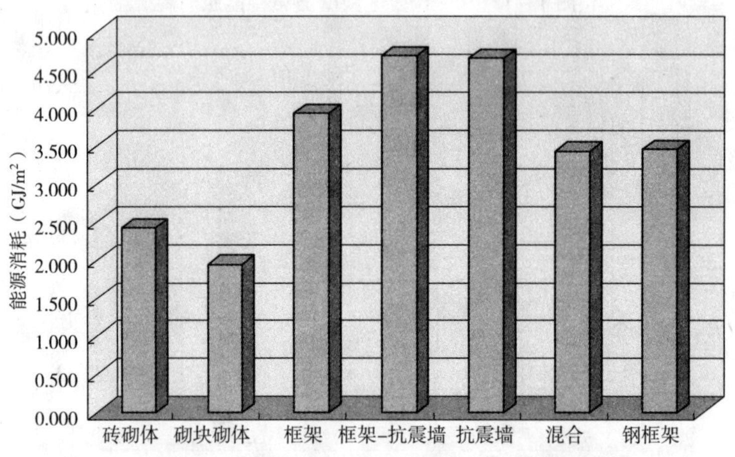

图1－21　8度区公共建筑类结构能源消耗

3.4.2　影响因素分析

1. 建筑类型与能源消耗的关系

分析理由同第3.3.2条第1款，别墅建筑单位面积的材料用量较相同结构类型的普通住宅略高，能源消耗指标也高于普通住宅建筑，其中砖砌体结构高出约60%；公共建筑材料用量与能源消耗指标比住宅高，其中混凝土结构的公共建筑比住宅能源消耗高出约25%，钢结构和钢－混凝土混合结构的公共建筑比住宅能源消耗高出约15%。（表1－17）

2. 结构类型与能源消耗的关系

由于钢筋生产过程中消耗的能源是同等重量墙材的20多倍，因此用钢量较多的混凝土结构能源消耗指标较差；钢结构次之；小砌块砌体类结构能源消耗指标最好。（图1－17～图1－21）

3. 材料用量对能源消耗的影响

将各类结构能源消耗指标中水泥、钢材、墙材的贡献率分别进行计算，结果详表1－18～表1－20与图1－22～图1－24。

水泥对能源消耗指标的贡献率 表1－18

结构类型	别墅	住宅		公共建筑	
	6～8度	6～7度	8度	6～7度	8度
砖砌体	33.4%	27.9%	27.9%	27.9%	27.9%
小砌块砌体	39.1%	34.7%	34.7%	34.7%	34.7%
混凝土框架	41.3%	37.9%	37.7%	36.9%	38.6%
混凝土框架－抗震墙	41.4%	38.4%	38.4%	41.6%	38.2%
混凝土抗震墙	41.7%	38.7%	38.7%	41.9%	38.5%
钢－混凝土混合		29.1%	29.1%	25.4%	25.4%
钢框架	32.0%	28.9%	28.9%	25.2%	25.2%

钢材对能源消耗指标的贡献率 表1－19

结构类型	别墅	住宅		公共建筑	
	6～8度	6～7度	8度	6～7度	8度
砖砌体	25.1%	31.1%	31.1%	31.1%	31.1%
小砌块砌体	42.5%	49.1%	49.1%	49.1%	49.1%
混凝土框架	50.7%	56.1%	57.5%	58.5%	57.5%
混凝土框架－抗震墙	55.7%	58.4%	58.4%	55.8%	59.4%
混凝土抗震墙	56.1%	58.9%	58.9%	56.2%	59.7%
钢－混凝土混合		66.6%	66.6%	70.9%	70.9%
钢框架	58.3%	66.0%	66.0%	70.3%	70.3%

墙材对能源消耗指标的贡献率 表1－20

结构类型	别墅	住宅		公共建筑	
	6～8度	6～7度	8度	6～7度	8度
砖砌体	41.5%	41.0%	41.0%	41.0%	41.0%
小砌块砌体	18.4%	16.1%	16.1%	16.1%	16.1%
混凝土框架	8.0%	6.0%	4.8%	4.6%	3.9%
混凝土框架－抗震墙	3.0%	3.1%	3.1%	2.6%	2.4%
混凝土抗震墙	2.2%	2.3%	2.3%	1.9%	1.8%
钢－混凝土混合		4.2%	4.2%	3.7%	3.7%
钢框架	9.7%	5.1%	5.1%	4.4%	4.4%

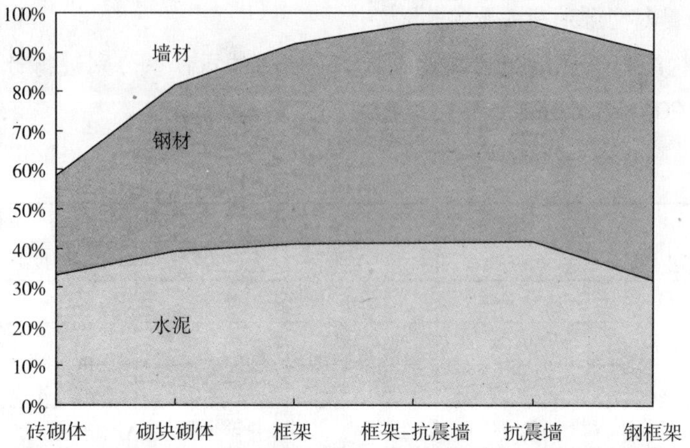

图1－22 6～8度区别墅类结构材料对能源消耗的影响程度

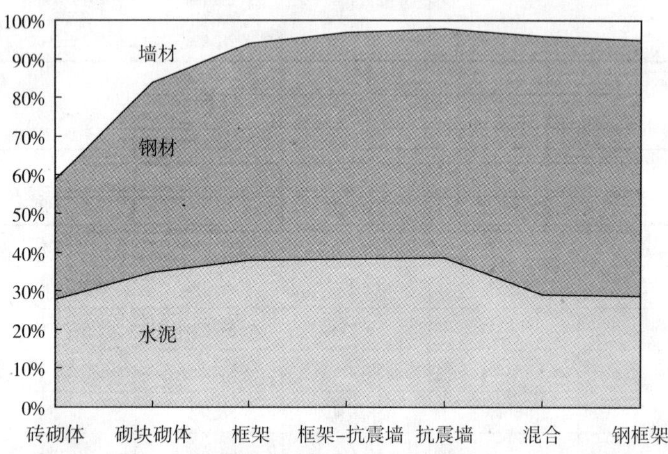

图1－23 6～7度区住宅类结构材料对能源消耗的影响程度

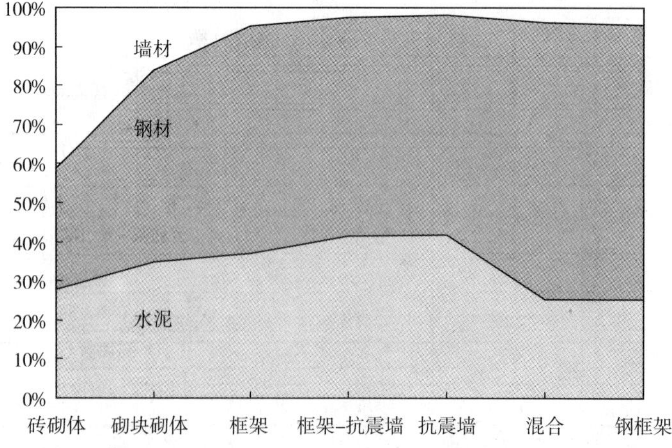

图1－24 6～7度区公共建筑类结构材料对能源消耗的影响程度

与资源消耗影响因素不同，墙材用量对能源消耗的影响变得很微弱。但砌体结构由于墙材占所有材料用量的比重较大，因此仍起一定的影响作用。钢材用量为影响结构能源消耗指标的重要因素，在钢结构和混合结构中甚至占到了主导地位；水泥用量的影响则占到25% ~42%，尤其是对混凝土类结构较为重要。

4. 抗震设防烈度对能源消耗的影响

抗震设防烈度的提高对建筑的能源消耗也有影响，但影响不大，原因与资源消耗的分析相同。

3.5 结构 CO_2 排放量分析

3.5.1 结构 CO_2 排放量指标计算

计算单体建筑结构建造过程中单位建筑面积所用建筑材料（在生产过程中）CO_2 的排放量。计算公式如下：

$$E3 = \sum_{i=1}^{n} IC_i M_i \qquad (式 1-3)$$

式中 $E3$——单体建筑单位建筑面积所用建筑材料在生产过程中消耗的能源量，t/m^2；

IC_i——第 i 种建筑材料在生产过程中单位质量消耗资源的指标，t/t；

M_i——单体建筑单位建筑面积所用第 i 种建筑材料用量，t/m^2。

其中 IC_i 的取值详表 1 -12。

考虑因素与计算方法同资源消耗指标的分析。得到各类结构体系的平均 CO_2 排放量数据见表 1 -21。

各类结构体系 CO_2 排放量指标（t/m^2） 表 1 -21

结构类型	别墅	住宅		公共建筑	
	6~8 度	6~7 度	8 度	6~7 度	8 度
砖砌体	0.458	0.262	0.262	0.262	0.262
小砌块砌体	0.244	0.203	0.203	0.203	0.203
混凝土框架	0.362	0.273	0.340	0.348	0.417
混凝土框架 - 抗震墙	0.413	0.383	0.383	0.469	0.495
混凝土抗震墙	0.410	0.381	0.381	0.466	0.492
钢 - 混凝土混合		0.292	0.292	0.322	0.322
钢框架	0.275	0.294	0.294	0.324	0.324

以图例形式表达如图 1－25～图 1－29 所示。

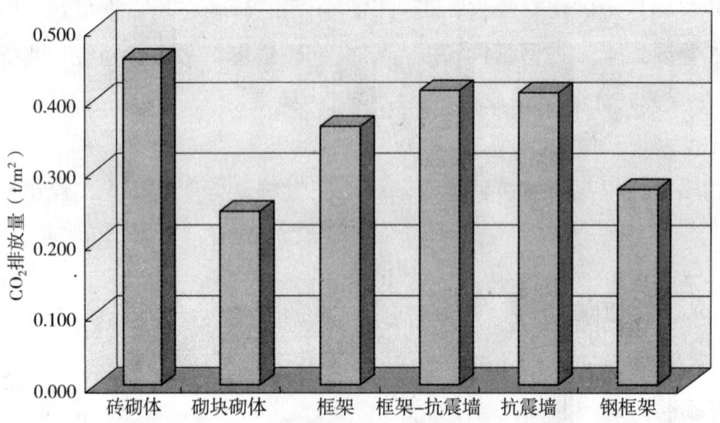

图 1－25　6～8 度区别墅类结构 CO_2 排放量

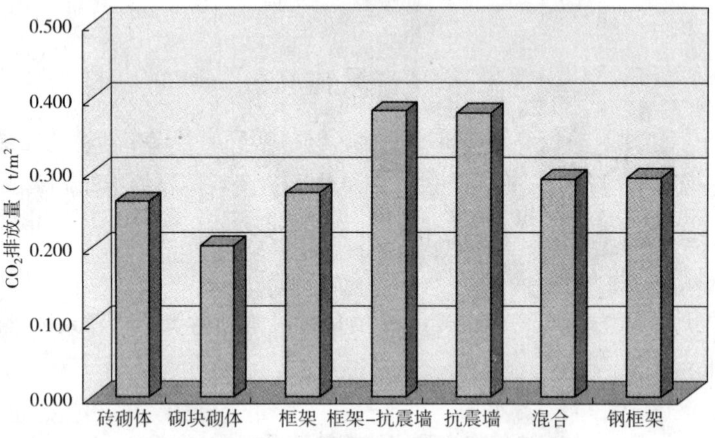

图 1－26　6～7 度区住宅类结构 CO_2 排放量

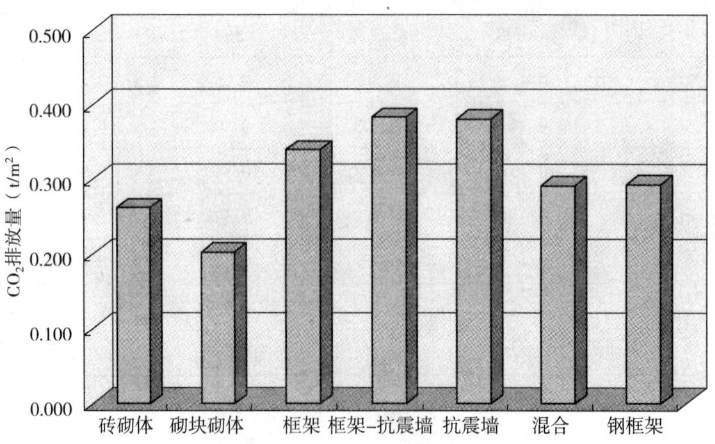

图 1－27　8 度区住宅类结构 CO_2 排放量

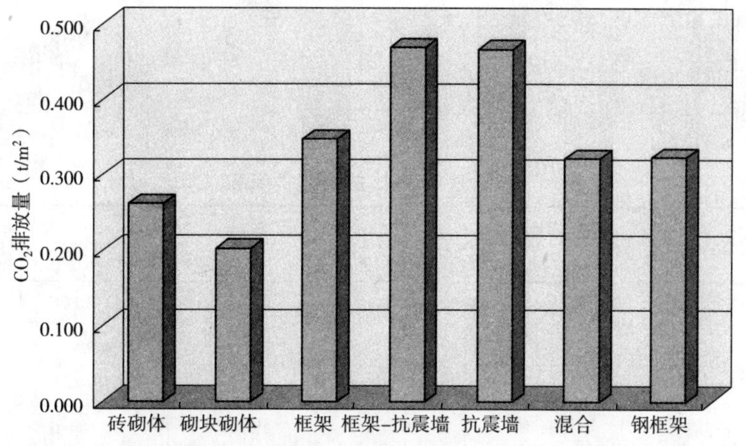

图1－28　6～7度区公共建筑类结构 CO_2 排放量

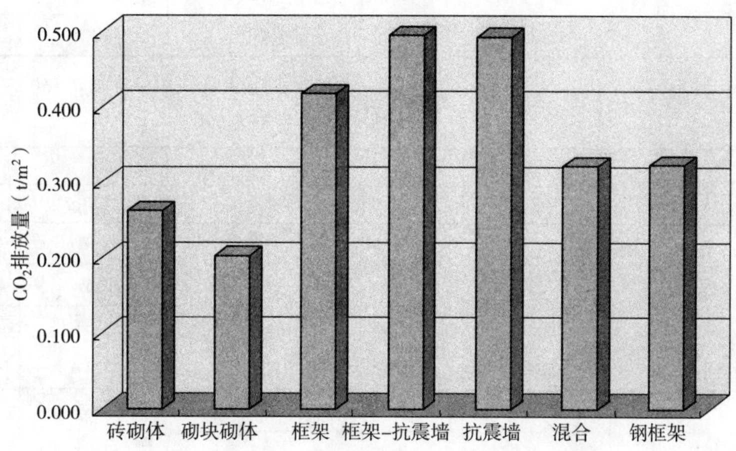

图1－29　8度区公共建筑类结构 CO_2 排放量

3.5.2　影响因素分析

1. 建筑类型与 CO_2 排放量的关系

分析理由同第3.3.2条第1款，别墅类建筑单位面积的材料用量较相同结构类型的普通住宅略高，CO_2 排放量也高于普通住宅建筑；公共建筑类建筑材料用量与 CO_2 排放量也比住宅类的要高。（表1－21）

2. 结构类型与 CO_2 排放量的关系

由于钢筋生产过程中排放的 CO_2 量是同等重量墙材的20倍，水泥生产过程中排放的 CO_2 量是同等重量墙材的9倍。因此钢材用量与水泥用量较多的混凝土结构排放的 CO_2 量较多；钢结构次之；小砌块砌体类结构的 CO_2 排放量指标最好。（图1－25～图1－29）

3. 材料用量对 CO_2 排放量的影响

将各类结构 CO_2 排放量指标中水泥、钢材、墙材的贡献率分别进行计算，结果详表1－22～表1－24与图1－30～图1－32。

水泥对 CO_2 排放量的贡献率　　表1－22

结构类型	别墅	住宅		公共建筑	
	6～8度	6～7度	8度	6～7度	8度
砖砌体	48.1%	42.2%	42.2%	42.2%	42.2%
小砌块砌体	58.9%	54.6%	54.6%	54.6%	54.6%
混凝土框架	61.9%	58.7%	58.5%	57.7%	59.5%
混凝土框架－抗震墙	62.3%	59.4%	59.4%	62.6%	59.3%
混凝土抗震墙	62.7%	59.8%	59.8%	62.9%	59.6%
钢－混凝土混合		49.1%	49.1%	44.5%	44.5%
钢框架	52.0%	48.7%	48.7%	44.2%	44.2%

钢材对 CO_2 排放量的贡献率　　表1－23

结构类型	别墅	住宅		公共建筑	
	6～8度	6～7度	8度	6～7度	8度
砖砌体	15.3%	19.8%	19.8%	19.8%	19.8%
小砌块砌体	27.0%	32.5%	32.5%	32.5%	32.5%
混凝土框架	32.0%	36.6%	37.7%	38.6%	37.4%
混凝土框架－抗震墙	35.4%	38.1%	38.1%	35.4%	38.8%
混凝土抗震墙	35.6%	38.4%	38.4%	35.6%	39.0%
钢－混凝土混合		47.3%	47.3%	52.2%	52.2%
钢框架	40.0%	46.9%	46.9%	51.9%	51.9%

墙材对 CO_2 排放量的贡献率　　表1－24

结构类型	别墅	住宅		公共建筑	
	6～8度	6～7度	8度	6～7度	8度
砖砌体	36.6%	38.0%	38.0%	38.0%	38.0%
小砌块砌体	14.1%	12.9%	12.9%	12.9%	12.9%
混凝土框架	6.1%	4.7%	3.8%	3.7%	3.1%
混凝土框架－抗震墙	2.3%	2.5%	2.5%	2.0%	1.9%
混凝土抗震墙	1.7%	1.8%	1.8%	1.5%	1.4%
钢－混凝土混合		3.6%	3.6%	3.3%	3.3%
钢框架	8.1%	4.4%	4.4%	4.0%	4.0%

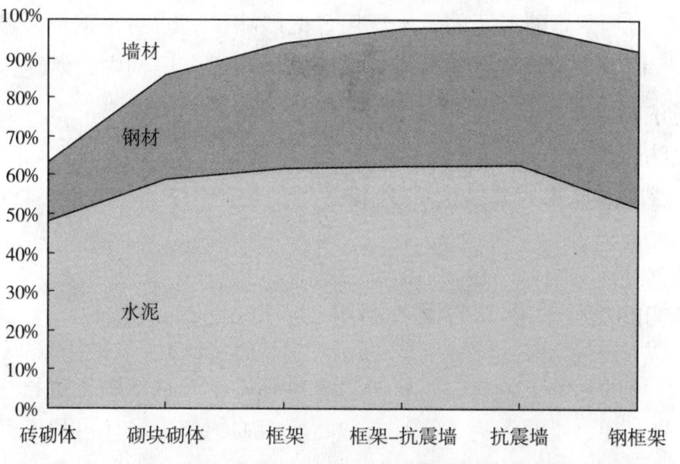

图1-30　6~8度区别墅类结构材料对CO_2排放量的影响程度

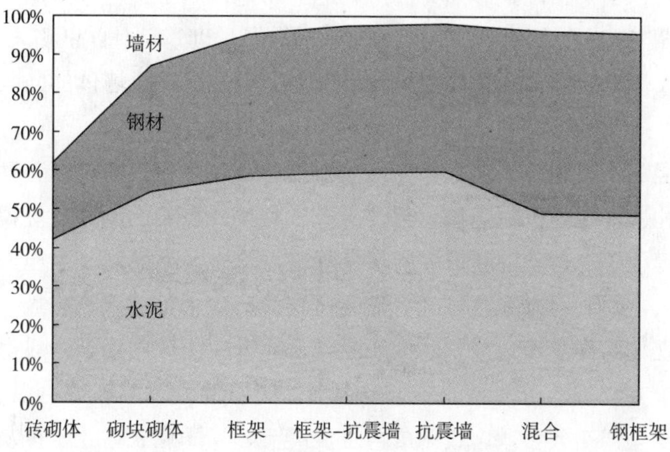

图1-31　6~7度区住宅类结构材料对CO_2排放量的影响程度

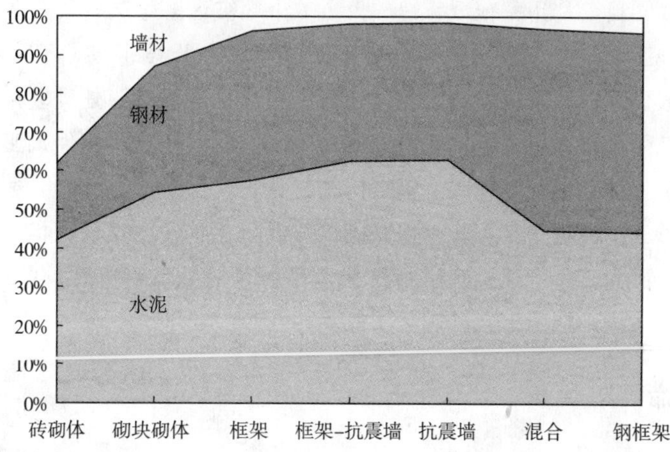

图1-32　6~7度区公共建筑类结构材料对CO_2排放量的影响程度

与能源消耗影响因素略有不同，水泥用量的影响程度略高于钢材用量的影响，尤其是在混凝土类结构中，占到了主导地位；在钢结构和混合结构中，水泥用量与钢材用量对 CO_2 排放量的影响基本持平。其中墙材用量的影响仅在砖砌体结构中起较大的作用。

4. 抗震设防烈度与 CO_2 排放量的关系

抗震设防烈度的提高对建筑的 CO_2 排放量的影响不是很大。但对混凝土类结构的影响可达到20%左右。

3.6 建筑结构的施工、拆除与回收利用

建筑物对环境的影响不仅与建筑材料的消耗有关，而且与施工过程、拆除过程及回收利用中的资源消耗、能源消耗、CO_2 排放、废弃物的产生及其再利用有关。

砌体结构的墙体及其他结构体系中的砌筑类填充墙体的砌筑过程是湿式作业，会产生一些建筑垃圾，墙材和砌筑砂浆会占用一定的场地，施工过程本身所消耗的资源、能源及 CO_2 排放量不多，对环境产生的负荷不是很大。砌筑墙体的拆除相对来说比较容易，但会产生大量的灰尘，应采取措施减少灰尘的产生。拆除墙体的回收利用率在我国目前不是很高。

现浇钢筋混凝土的施工为湿式作业，较为复杂，工序多，需要的劳动力也多，需要钢筋加工、绑扎、焊接或机械连接，架设支撑、支模，混凝土制作、浇捣、养护，需要大量的支撑、模板等材料，消耗很多的水资源等，总之，钢筋混凝土施工过程中资源和能源消耗都很大，CO_2 排放量也很大，施工过程中产生大量的建筑垃圾，施工现场污染严重，增加了现场管理及清运成本。钢筋混凝土的拆除比较困难，一般都需机械或爆破拆除，产生的废弃物多，占地大，灰尘也很大。废旧混凝土的破碎也很困难，耗能大。破碎后的混凝土可用来代替砂，或制成再生混凝土，用于砌筑砂浆、抹灰砂浆、打混凝土垫层等，还可以用于制作砌块、铺道砖、花格砖等建材制品。但由于破碎困难，需要专用的机械，我国目前利用率很低，造成大量的土地被这些建筑垃圾占用。

钢结构的施工属于干式作业，钢构件的加工工厂化程度很高，不需模板等辅助材料，建筑垃圾很少，施工现场清洁，但现场拼接节点精密度高，处理复杂，生产与施工技术高，工人接受度与适应性低，代价也相对提高。材料生产、构件加工及现场施工过程中会产生有害气体，能源消耗大。钢结构的拆除比较容易，回收利用程度高。

各种结构形式的建筑中都可能有墙体砌筑、混凝土构件浇筑、钢构件拼装等施工过程，只是工程量不同，每个建筑在进行结构选型时都应综合考虑现场条件、资源条件、人员素质、技术与经济状况等各种因素。

3.7 建筑生命周期

建筑物要节约资源、能源，减小对环境的冲击，成为绿色建筑、可持续建筑，不但

要在设计、施工、使用、拆除、回收再利用等方面做到消耗最少地球资源，使用最少能源，制造最少废弃物，而且要达到最长的使用年限，也就是尽可能延长建筑物的生命周期，物尽其用。大量拆除处于设计使用年限内的建筑物，不符合可持续的科学发展观，是建筑资源和社会财富的巨大损失；拆除过程要消耗可观的人力、物力、运力，同时产生大量的粉尘和废弃物，造成环境污染；拆除意味着新建，要补充和输入更多的资源。

通过对部分国家和我国部分城市的住宅生命周期的比较和分析发现，我国建筑物的生命周期最短。究其原因，既有建筑物老化的原因，又有设备改善的原因，更多的是其他经济、社会等方面的原因，如改变使用性质、提高土地效益、城市改造和扩大空间等。这说明被拆除的建筑有一部分是因为结构、设备本身不堪重负，拆除是无奈之举；而更多的是非物质原因，是消费观念出现误区和不合理的社会行为所致。

我国建筑物生命周期短，本身性能差是内因，近年来大拆大建是外因。为延长房屋的使用年限，当前特别要注意提高新建建筑的性能，防止和减少新一轮低性能建筑的出现。同时要制定法律法规，建立房屋的专家评估机制，限制乱拆滥建，要提高城市规划和管理水平，控制城镇房屋拆迁规模，严格拆迁管理。对于旧的房屋，要通过精心维护、修缮和改造，延长其使用年限，使可持续发展的理念与市场经济法则能够实现完美的结合。

第2篇 绿色建筑结构体系评价方法

1 背景

1.1 全球的建筑能源消耗

建筑业是典型的立足于资源与能源大量消耗的产业。研究资料反映，欧洲建设活动引起的环境负担占总环境负担的15% ~45%，制造和运输建筑材料所消耗的能源占总能耗的10%，建筑照明占总能耗的20% ~40%，整个欧洲所消耗的能源大约有一半用于建筑的运行。从世界范围看，整个世界当代建筑活动消耗的能源占总能源的50%，占自然资源总量的40%，同时成为最主要的污染源，大约有一半的温室效应气体来自与建筑材料的生产运输、建筑的建造以及建筑运行管理有关的能源消耗，建筑造成的垃圾占人类活动垃圾总量的40%。(图2 -1)[4]

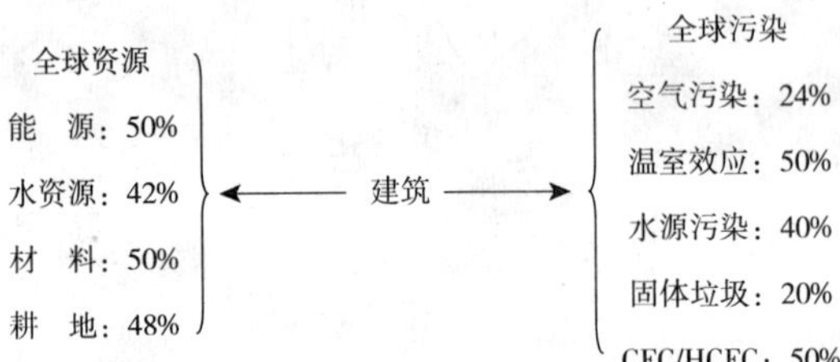

图2 -1　建筑活动与资源消耗及污染的关系

建筑耗用全世界30%的原材料、25%的木材和16%的清洁水，建筑排放出的CO_2占总排放量的35%，建筑使用过程中产生的固体废弃物有40%就地填埋。在新建和改建的建筑中，有30%会使室内人员引发“病态建筑综合症”(Sick Building Syndrome，SBS) 或“与建筑有关的疾病”(Building Related Illness，BRI)。[5]

1.2 我国的能源背景

从1990年到2001年，我国资源消耗量增长为：石油100%，天然气92%，钢

143%，铜189%，铝380%，锌311%，10种有色金属276%。这样的消耗速度，使今后的发展不可能靠国内资源来支撑。根据预测，到2010年，我国石油、铁矿石、铜和铝的对外依存度将分别达到57%、57%、70%和80%。[5]

我国每年房屋建筑的材料消耗量占全国消耗量的比例：钢材25%，木材40%，水泥70%，玻璃70%，运输量8%。[4]

1.3 建立起结构体系评价概念的重要性

随着绿色建筑的深入研究，结构体系及其配套技术集成的问题显得愈发重要，如何为绿色建筑的发展提供有力的技术支撑和保证，提高建筑物的实际使用寿命，降低生产、使用过程中的资源、能源消耗，提高建筑材料的回收和再利用率，这些关键技术问题已变得亟待解决。另外，我国当前的建筑结构设计与选型理念，常常只重视一次性投资费用，而忽视结构建造、使用、维护和拆除再利用过程中的能源、资源消耗的问题，即综合社会效益的问题。随着可持续发展观的建立，原有思路及价值标准受到普遍的质疑。现在，面临全球能源危机与环境保护问题，每一位建筑、结构工程师都有责任在结构体系选型与设计中，将节约资源放在重要的位置，并要求建筑、结构工程师建立起结构体系生命周期评价的概念。

2 结构体系评价概念及其影响因素

目前，对生命周期评价的定义有多种提法，将这些概念归结起来，可以将其表述如下：对一种产品及其包装物、生产工艺、原材料、能源或其他某种人类活动行为的全过程，包括原材料的采集、加工、生产、包装、运输、消费和回收以及最终处理等，进行资源和环境影响的分析与评价。

对结构体系而言，即对结构原材料的获取，构件及建材的生产、加工、运输，结构体系的建造，结构的使用与维护，结构的拆除与回收处理的全过程中物质能量流动所产生的对环境影响的经济效益、社会效益和环境效益进行综合分析与评价。

2.1 结构原材料的获取过程

结构在建造过程中要从自然界中获取大量的原材料，而大规模地从自然界获取原材料必然会对自然界造成极大的影响。例如炼铁要采掘大量的铁矿石，生产水泥要使用石灰石和黏土等原材料，占混凝土体积大约80%的砂石骨料要开山采矿、挖掘河床，木材则取自森林资源。

在美国EPA对生命周期影响评价的研究中，将资源的消耗作为影响因子之一，并将资源分为可再生的资源和不可再生的资源两种，可再生的资源主要指那些可再次生长的，最典型的是生物资源（木材、其他植物与动物资源）和水。不可再生的资源是指非生命的，如矿石、化石燃料。在进行计算分析时，在不可再生资源的计算模型上增加一个资源稀缺系数。因为每种资源的丰富程度不同，利用资源稀缺系数更能反映资源消耗的实际情况。而且资源稀缺系数是用目标距离法进行测定的，具有动态跟踪性，每个不同的时间期限有不同的稀缺系数。[6]

2.2 结构材料的生产、加工、运输过程

结构材料的大量制作和运输，不仅会消耗自然界中大量的原材料，而且还需要消耗大量的能源。在英国，建筑材料的制作和运输所消耗的能源占其一次能源消耗总量的8%。在建筑材料的制作和运输过程中，还会产生大量的废气、废渣和粉尘，造成温室气体效应和酸雨等污染。

根据瑞典 OSCAR BEIJER 的统计分析，具有相同承载能力的钢筋混凝土构件的总能耗值（包括原料采运、冶炼、铸造、拌合、浇筑、捣固直到使用前的总能耗值折算成石油消耗量）比采用钢结构构件节省 2/3 左右。[1]

2.3 结构体系的建造过程

在进行建筑施工时，除需要消耗大量的能源、资源外，还将产生大量的粉尘、噪声、污水等污染。例如混凝土的振捣及施工机械的运转都会产生大量的噪声和粉尘。另外，建筑的建造过程对周围景观和地表状况也有重大影响。研究表明，建造过程中的平整土地和开挖土方会使土壤侵蚀的速度比未受干扰的场地增加 40000 倍。

2.4 结构的使用与维护

为保证建筑物的正常使用，需要对结构进行定期的维护与维修，也会因此耗用一定数量的建材。例如钢结构的防火、防腐维护，砌体结构的（无安全问题的）裂缝处理，腐蚀环境中的构件定期维护等。

2.5 结构的拆除与回收处理

在对结构进行拆除时，将会产生大量的固体垃圾，占用大片土地，并对周围的水质和土壤等生态环境造成污染。在美国 EPA 对生命周期影响评价的研究中，即引用了填埋空间消耗的影响因子，计算固体、有害的或者放射性废弃物进入土地或垃圾填埋场所占用的空间消耗。该研究认为占用的空间资源类似于使用自然资源。[6]

3 评价体系指标的确定

基于上面阐述的结构体系生命周期评价概念及影响因素，建立起符合我国国情的建筑结构绿色评价体系是切实必要的。并可由此改变人们关于结构选型的旧有理念，提高人们对社会综合效益的重视度，促进绿色建筑在我国的快速发展。

3.1 候选指标的选择

各类评价体系由于其应用目的的不同而各有特点，在实践中都在进行不断的完善。不同国家的评价体系尽管框架结构有相近之处，但都以满足本国需求为目标。

要建立完善的建筑结构绿色评价指标体系，应该在借鉴国外评价体系的基础上，紧密结合本国建筑发展和科技进步的实际情况，以满足当前需求为目标，同时考虑良好的可扩展性。

在构建建筑结构绿色评价指标体系时，可以选用的指标很多，多选一些评价指标在一定程度上可以提高评价的准确性，但指标太多，也会影响关键因素的作用体现。因此，建筑结构绿色评价指标的选择和设置必须抓住其发展过程的主要方面和本质特征，突出反映结构绿色性能的重点指标，尽可能用少而精的指标把欲评估的内容表达出来。为了建立一套科学、可行、操作性强的建筑结构绿色评价指标体系，在指标筛选和设置上需要一套广泛的评价候选指标的标准。

3.1.1 专业性

指标体系应围绕结构的资源与能源消耗、对环境的影响以及安全合理提供良好功能等方面，以期全面地理解、规范结构体系的设计、建造与维护。

3.1.2 稳定性

建筑结构的设计、建造与维护同其他事物一样，都是随时间变化的。因此，其指标的选取应该具有一定的时效，避免短时间内有较大变化的因素对整个体系的评价产生影响。指标的种类也应有一定的代表性，以适合更多地区的评价范围。

3.1.3 可操作性

在实际评价中，评价指标必须符合可操作性标准，即指标的简明扼要性，数据获得的便利性，指标表达的规范性，指标之间的可比性。

3.1.4 相对完备性

在选择指标时，应尽可能选择具有相对独立性的指标，要处理好指标的代表性和普遍性之间的关系。一方面要避免指标过于简单而影响了评价的准确性，另一方面也要避免大量指标之间存在的重叠而影响其科学性。

3.1.5 综合性

在完备性的基础上，指标体系要力求简洁，尽量选择那些具有代表性的综合指标和主要指标。

3.2 指标体系的构建原则

为了使评价体系能准确地反映结构体系的真实情况，在建立建筑结构绿色评价体系时应贯彻以下的构建原则。

3.2.1 符合本国实际情况

要针对本国特殊的地域、经济、社会情况，根据实际需要建立具有本国特色的建筑结构绿色评价体系。既要考虑对最终结果进行检测评估，同时又要进行过程控制。在具体指标设定时，应考虑由本国国情所决定的一些特殊情况。例如，我国大部分地区施工工艺较落后，经济状况也较差，材料用量是结构选型的重要影响因素之一；木材、黏土砖本来是可持续发展的生态建材，但我国森林资源与耕地几十年来遭到恶性破坏，不得不在大部分地区限制木材和黏土砖的使用等。

3.2.2 科学性与实用性相结合的原则

建立建筑结构绿色评价体系要有高度的科学性，但是它并非单纯的理论探索，它是能发挥实际作用的体系，如果没有实用性与可操作性，建立评价体系就毫无意义。

3.2.3 定性与定量指标相结合的原则

科学的评价体系需要经过制定、试行、调整、修改、再试行的过程。目前我国建筑结构绿色评价所需基础数据较为缺乏，例如我国各类施工工艺的能源消耗数据、CO_2 排放量数据，新型结构材料生产过程的能源消耗数据、CO_2 排放量数据等，这就使得定量评价的标准难以科学地确定。因此在评价体系的起步阶段，可以“粗线条”一些，定性评价多一些，即侧重于考察是否具有了绿色的概念和基本特征，是否尽量采取了适宜的技术措施等。随着今后相关基础性研究的不断开展，再逐渐改进定量评价的内容。

3.2.4 开放性原则

在建立多维、多层次的评价体系时，要考虑框架、层次结构的相对独立性和开放性，以便在随着需求变化进行指标增减和修改时，不至于影响整个评价体系。指标的选取和指标的权重应能根据不同地区发展状况进行灵活调整。

3.3 指标体系的构建原理与方法

3.3.1 指标的确立

指标的确立，一方面要综合考虑评价指标的完备性、针对性、综合性和独立性，不能仅由某一原则决定指标的取舍；另一方面由于这些原则各具特殊性及目前认识的差异，对各项原则的衡量精度、研究方法不可强求一致。筛选指标时，对于上述各原则既要综合考虑，又要区别对待。例如，有些定性的评价指标由于受认识水平的限制，目前还难以定量衡量，只能依赖于评价者对评价对象的理解程度及其对所评价区域的了解程度而定。又如，评价指标的完备性包含两层含义：一是指所选择的指标应尽量全面反映体系发展的各个方面及其变化；二是根据评价目的、评价精度来决定评价指标体系的完备性。如果评价指标体系使用区域范围很大，且要求有较高的可操作性，那么，评价指标的层次可相对提高，其精度要求可相对降低，评价指标的数目可相应减少；反之，如果使用区域范围较小，对评价精度要求可相对提高，评价指标的数目可相应增多。

在指标选择中，为了满足完备性原则，采用了如下方法。

（1）频度统计法：主要对目前已有绿色建筑评价体系中的指标使用频度进行统计，同时统计目前有关结构体系评价研究的报告、论文，选择那些使用频度较高的指标。

（2）理论分析法：主要是在对绿色结构的内涵、特征、基本要素、主要问题进行分析、比较、综合的基础上，选择那些重要的、针对性强的、能反映结构体系绿色性能本质和内涵的指标。

（3）专家咨询法：在通过前两种分析方法初步提出绿色结构评价指标的基础上，进一步征询有关专家意见，对指标进行综合调整。

依据指标体系完备性建立初步的建筑结构绿色评价指标体系后，对具体指标再进行相关性和独立性分析，最终选定内涵丰富又比较独立的指标构成评价指标体系。

3.3.2 评价体系指标权重的确定

权重是以某种数量形式对比、权衡被评价事物总体中诸因素相对重要程度的量值。它既是决策者的主观评价，又是指标本质属性的客观反映，是主、客观综合度量的结果。各指标对系统的影响或引起的效应是不同的。进行综合评价时，各要素不能同等看待。权重主要决定于两个方面：一是指标本身在决策中的作用和指标价值的可靠程度，即表示它们的不同重要性及各要素所产生的不同协同效应；二是决策者对该指标的重视程度。

建筑结构绿色指标评价属于多目标决策问题，各指标的权重应反映其对绿色性能影响的重要程度。指标权重确定的合理与否在很大程度上影响综合评价的科学性和正确性。目前，在实践中常用的赋权方法为主观赋权法和客观赋权法两种。

主观赋权法多采用综合咨询评分的定性方法确定权重，然后对标准化后的数据进行综合。主观赋权法依据研究者的实践经验和主观判断来酌定权重，可以反映评价者的经验和直觉，但由于受人为因素的影响，其准确性无法检验，通常带有研究者的主观随意性。

客观赋权法是根据各指标间的相互关系或变异程度来确定权重的。客观赋权法可以克服主观赋权法的不利影响。权重的确定多属于信息量的确定，没充分考虑指标本身的相对重要程度，更容易忽视评价者的主观信息。因此，无论是主观评价还是客观评价，都有其不可避免的问题。

在建筑结构绿色评价指标体系的权重确定中，工作组采用了专家咨询法等主观方法及层次分析法等综合方法。

3.3.3 评价体系层次结构

建筑结构绿色评价主要体现在降低资源消耗、能源消耗、CO_2 排放量和材料用量，提高结构与施工材料本地化程度和工厂化、预制化程度六个方面。针对上述六个方面的要求作为约束条件，建立相应的指标体系，对建筑结构进行绿色度评价。

目标层：建筑结构绿色度。

约束层：资源消耗，能源消耗，CO_2 排放量，材料用量，本地化程度，工厂化、预制化程度。

指标层：对约束层的每个约束给予具体的定性指标和定量指标。

指标层按照层次分析法建立建筑结构绿色评价的梯阶层次结构，将评价指标层次化，以利于指标体系权重的确定，并保证指标体系的开放性。

4 评价体系约束条件的定义

4.1 资源消耗

4.1.1 我国的自然资源状况

自然资源是指在一定时间条件下，能够产生经济价值，提高人类当前和未来福利的自然环境因素的总称。自然资源是一个动态概念，其范围随生产力的发展、科学技术的进步和认识水平的提高而不断扩展。自然资源分为可更新资源，如水资源、土地资源等；不可更新资源，如化石燃料、金属和非金属矿物等；取之不尽的资源，如风力、太阳辐射和潮汐能等。

中国的自然资源具有以下特点：[7]

（1）自然资源总量多、种类丰富，而人均拥有量少（表2-1、表2-2）

各国主要自然资源的总体丰度（%）（以世界为100） 表2-1

项目	中国	前苏联	加拿大	美国	巴西	澳大利亚	印度
耕地和园地面积	6.8	15.7	3.2	12.9	5.1	3.3	11.4
永久草地面积	9.0	11.8	1.0	7.6	5.2	13.8	0.4
森林蓄积量	2.7	25.0	8.0	7.7	19.5	0.4	3.0
河川径流总量	5.6	10.1	6.7	6.3	11.0	0.7	3.8
可开发水能量	16.7	11.9	4.2	8.3	4.0	—	3.1
矿产资源总值	14.6	17.7	4.0	16.6	2.9	3.3	—
累计百分值	55.4	92.2	27.1	59.4	47.7	<22	<25

注：数据来源于《中国自然资源手册》。

中国人均资源量的国际比较 表2-2

项目	世界平均	中国	前苏联	加拿大	美国	巴西	澳大利亚	印度	中国/世界平均（%）
土地总面积，公顷	2.77	0.91	8.07	19.31	3.92	6.28	48.99	0.43	32.9
耕地和园地面积，公顷	0.31	0.10	0.84	1.84	0.80	0.56	3.10	0.22	32.3
永久草地面积，公顷	0.66	0.27	1035	1.22	1.01	1.22	27.95	0.02	40.9
森林和林地面积，公顷	0.84	0.13	3.37	12085	1.11	4.15	6.76	0.09	15.5
森林蓄积量，m^3	69.65	8.051	303.27	1061.47	109.08	485.54	79.03	13.18	12.2
河川径流总量，m^3	9680	2490	16985	123010	12437	38294	22180	2345	25.7
可开发水能资源，kW	0.47	0.36	0.97	3072	0.78	0.67	—	0.09	76.6
矿产储量总值，万美元	1.77	1.04	5067	12.58	5.67	1.90	17.57	—	58.8

注：数据来源于《中国自然资源手册》。

（2）各类自然资源组合总体较好。就开发潜力而言，主要薄弱环节是：耕地、水资源、部分有色金属和贵金属。如果人工造林不能取得突破性进展，森林资源也会成为主要的薄弱环节。

（3）自然资源分布不平衡。不同地区的地面和地下资源存在相对丰富或相对贫乏现象。水资源南多北少；能源资源南少北多，水能集中在西南地区；金属矿产资源总体分布在西部高原到东部山地丘陵的过渡地带；农业生物资源由东到西、由南到北逐渐减少。自然资源分布的不平衡在世界范围内带有普遍性。由于分布不平衡，一方面有利于集中开发，同时也会造成物资的大量运输。

（4）自然资源质量差异悬殊。这种现象在金属、煤炭矿藏和耕地、天然草地方面表现得更为突出。

由于这些特点，在我国经济不断发展、人口继续增长的现实情况下，资源紧缺的态势还会加剧；同时也加大了资源更新、改造和开发、利用的难度，对于投资和技术也必将提出更高的要求。

4.1.2 我国建筑材料对自然资源的消耗

大部分建筑材料的原料来自不可再生的天然矿物原料，部分来自工业固体废弃物。据估计，我国每年为生产建筑材料要消耗各种矿产资源70多亿t，其中大部分是不可再生的矿石、化石类资源，全国人均年消耗量达5.3t。[4]

钢材、水泥是建筑业消耗最多的两种建筑材料。据中国钢铁工业协会2003年9月提出的《钢材市场需求预测及钢铁工业发展战略的若干建议》，2002年建筑业的钢材消耗量为10523万t，占我国8个行业（8个行业分别指：建筑、机械、汽车、农用车、造船、铁道、石油、家电、集装箱）总消耗量的53.69%，占全国实际消费总量的43.42%。根据中国水泥工业协会的数据显示，建筑业水泥的消费量仍然占全国各行业用量的第一位，2003年占总消费量的45%。其中，每生产1t钢材，需要消耗1500kg铁矿石、225kg石灰石、750kg焦煤和150000L的水。每生产1t水泥熟料，需要耗用1200～1400kg石灰石、200～400kg黏土、160～180kg标准煤。以石灰石为例，我国石灰石的工业可采储量约为250亿t，如果全部用来生产水泥，仅够生产200多亿t水泥熟料，最多可供40～50年，加上钢材生产也需要消耗石灰石，我国石灰石可采年限就更短了。

4.1.3 自然资源消耗约束条件建立的目的

通过确定合理的建筑结构材料的资源消耗指标，鼓励选择对资源消耗小的结构体系和建筑材料，降低建筑结构建造过程中的资源消耗量，提高建筑的绿色度，保护生态环境。

4.2 能源消耗

4.2.1 我国能源资源的特点

能源是资源的重要组成部分，是社会经济发展的基本要素之一。中国能源资源有其自身特点。[7]

(1) 能源资源储量丰富，但人均拥有量远低于世界平均水平。

(2) 能源富矿资源少，勘探程度低，开发利用难度大。

(3) 能源资源分布与经济布局不相适应。80%的能源资源分布在西部和北部，而60%的能源消费却集中在东部和南部，必然给运输造成很大压力。

(4) 由于能源价格偏低，技术和管理水平较低，能源开发利用过程浪费现象相当普遍。

(5) 能源生产和消费结构不合理，以煤为主的能源结构，给环境特别是大气环境带来极大压力。

4.2.2 我国建筑材料对能源的消耗

我国建材行业总能耗1991年为1.279亿t标准煤，至2002年达2亿t标准煤，增幅达56.3%。据对我国1994年11种主要原材料工业的能耗统计，非金属矿物制造工业的能耗仅次于黑色金属冶炼行业，占整个工业生产能耗的1/7。建材工业中水泥生产年消耗1亿t标准煤，600多亿度电；平板玻璃生产年消耗0.05亿t标准煤；陶瓷行业生产年消耗为0.4亿t标准煤；砖瓦行业耗煤量非常大，每万块砖平均能耗为1~1.5t标准煤，2002年我国砖瓦行业年生产能耗为6000万t标准煤。从1995年起，我国建材工业消耗能源就突破了2亿t标准煤，且一直保持在全国能源消耗的15%以上的水平。[4]

4.2.3 能源消耗约束条件建立的目的

通过确定合理的建筑结构材料的能源消耗指标，鼓励选择对能源消耗小的结构体系和建筑材料，降低建筑结构建造过程中的能源消耗量，提高建筑的绿色度，保护生态环境。

4.3 CO_2排放量

4.3.1 我国的环境状况

经过多年坚持不懈的努力，全国环境状况由过去的“总体恶化，局部好转”向“环境污染趋势总体上开始得到基本控制，部分城市和地区环境质量有所改善”的方向转变。但是，环境形势仍然相当严峻。全国范围工业污染比重虽趋于下降，而生活污染和农业污染呈上升趋势，污染物排放总量还很大，污染程度仍处在相当高的水平，一些地区的环境质量仍在恶化；生态恶化加剧的趋势尚未得到有效遏制，部分地区生态破坏的程度还在加剧。1999年，全国SO_2排放量为1857万t；烟尘排放量为1159万t，工业粉尘排放量为1175万t。城市大气污染仍处于较重水平。1999年，统计的335个城市中，有40%的城市超过国家空气质量三级标准，处于中度或严重污染状态。区域性酸雨污染严重，70%的南方城市出现酸雨，酸雨面积占国土面积的30%，成为世界三大酸雨区之一。[7]

4.3.2　我国建筑材料生产对环境的污染

建筑和建材是环境污染的大户。钢铁工业每生产1亿t钢铁排放的废气占工业总排放量的30%。2001年全国水泥产量为6.21亿t，排放$SO_2$65万t，排放NOx约64万t。粉尘排放量更为可观，为水泥产量的2%~3%。钢铁行业每生产1亿t钢铁所排放的废水占工业总排放量的14.1%，水泥工业2002年产废水近3亿t。全国建材行业每年排放的CO_2就达8亿多t（不含黑色金属冶炼），是造成地球温室效应的主要原因之一。[4]

4.3.3　CO_2排放量约束条件建立的目的

通过确定合理的建筑结构材料的CO_2排放量指标，鼓励选择对环境影响小的结构体系和建筑材料，降低建筑结构建造过程中对环境产生的污染，提高建筑的绿色度，保护生态环境。

4.4　材料用量

4.4.1　结构合理化与材料用量

所谓“结构合理化”是指用有效合理的结构安全设计来达到节约材料用量的方法。不合理的结构设计可能会增加30%~40%的CO_2排放量。[8]现在在建筑行业出现了许多不环保的建筑物，常常为了“创新”，做了许多不必要的造型变化。不合理的超大结构、不均匀对称的平面设计，使得建材用量暴增而破坏生态环境。

4.4.2　材料用量约束条件建立的目的

通过确定合理的建筑结构材料的用量指标，鼓励选择可降低材料用量的结构体系和建筑材料，降低建筑结构建造过程中对环境产生的影响，提高建筑的绿色度，保护生态环境。

4.5　本地化

4.5.1　建筑材料运输过程对能耗和环境的影响

建筑物生命周期能源消耗主要有三个方面，包括建筑材料制造的能源消耗、建筑材料运输和施工的能源消耗以及建筑物使用能源消耗。对我国一栋三层钢筋混凝土公共建筑（建筑面积40133m^2）进行能耗分析，其中建筑材料制造的能源消耗与建筑材料运输和施工的能源消耗比大约为2：1。[4]据统计，建筑材料所消耗的能量中，30%被用于运输和施工。[9]

4.5.2 本地化约束条件建立的目的

通过确定合理的建筑结构材料与施工机具的运输半径，鼓励选择本地的建筑材料以及当地成熟的施工工艺，降低建筑材料与施工机具运输过程中对能源的消耗和对环境产生的污染，提高建筑的绿色度，保护生态环境。

4.6 工厂化、预制化

4.6.1 工厂化、预制化与建材再利用

所谓“工厂化、预制化”是指以工业生产的方式来建造建筑物，也就是将建筑物的部品工业化、预制化、规格化，以及采用自动化机具来施工。工厂化、预制化要求许多建筑外墙、楼梯等部件均由工厂生产，再运至现场组装，如此可避免许多不必要的建材浪费，同时也可减轻建造过程中的空气污染。良好的工厂化、预制化方法，大约可减少工地建筑废弃物30%，减少建造中的空气污染10%，减少5%的建材使用量，[8]对地球环保有很大益处。

4.6.2 工厂化、预制化约束条件建立的目的

通过确定合理的工厂化、预制化指标，鼓励以工业生产的方式来建造建筑物，降低建筑物建造过程中对材料的浪费和对环境产生的污染，提高建筑的绿色度，保护生态环境。

5 评价体系框架流程及评价指标计算方法

5.1 评价体系框架

在确定了目标层和约束层后，指标层中的各指标依据候选指标筛选办法和指标体系的构建原则予以确定。同时借鉴绿色建筑等相关领域的评价体系和规范规程中的指标构成，并综合考虑我国的社会、经济条件，建筑业发展状况和发展预期，确定建筑结构绿色评价指标体系框架，如表2-3所示。

建筑结构绿色评价指标体系框架 表2-3

目标层	约束层（输出）	一级指标层（输入）	二级指标层（输入）
建筑结构绿色评价	E1. 资源消耗 E2. 能源消耗 E3. CO_2 排放量 E4. 材料用量	I1. 建造类型	I1.1 别墅
			I1.2 住宅
			I1.3 公共建筑
			I1.4 大型体育场馆
			I1.5 其他
		I2. 结构类型	I2.1 砖砌体结构
			I2.2 小砌块砌体结构
			I2.3 混凝土框架结构
			I2.4 混凝土框架-抗震墙（筒体）结构
			I2.5 混凝土抗震墙（筒体）结构
			I2.6 钢-混凝土混合结构
			I2.7 钢框架（框架-抗震墙）结构
			I2.8 大空间钢结构
			I2.9 其他
		I3. 基础形式	I3.1 独立基础
			I3.2 箱筏基础
			I3.3 桩基础
		I4. 建造地区	I4.1 非抗震地区
			I4.2 6度地区
			I4.3 7度地区
			I4.4 8度地区
			I4.5 9度地区
		I5. 材料用量	I5.1 水泥（$t/100m^2$）
			I5.2 钢材（$t/100m^2$）
			I5.3 填充墙材（$m^3/100m^2$）
			I5.4 混凝土（$m^3/100m^2$）
	E5. 本地化程度	I6. 材料运输距离	I6.1 混凝土（km）
			I6.2 水泥（km）
			I6.3 砂子（km）
			I6.4 石子（km）
			I6.5 钢筋（km）
			I6.6 钢型材（km）
			I6.7 木材（km）
			I6.8 填充墙（km）
			I6.9 模板（km）
			I6.10 支撑及脚手架（km）
			I6.11 预制构件（km）
			I6.12 机械机具（km）
	E6. 工厂化、预制化程度	I7. 预制构件所占体积比例	I7.1 梁（%）
			I7.2 板（%）
			I7.3 柱（%）
			I7.4 墙（%）
			I7.5 基础（%）

5.2 评价体系评分法

为操作方便，评价指标均选择可量化指标，根据指标结果采用直接评分方法。

按照建筑结构绿色评价指标体系，评价内容分为资源消耗，能源消耗，CO_2 排放量，材料用量，本地化程度，工厂化、预制化程度6个方面，每项的评分等级均设为5分，分值越低，绿色度越差，3分为每项基本指标分值。考虑到全国各地区的经济水平、建造水平、资源分布等发展很不均衡，因此课题从全国角度，对6方面的权重系数α_i（$i=1$，2，……，6）均取值为1。各地区可根据当地情况，对各项权重系数作调整。例如资源能源匮乏地区，可将资源消耗与能源消耗指标的权重系数提高，其余指标的权重系数降低。

评价体系中建筑结构绿色度以加权累加法获得最终分值，即6~30分，分值越低，绿色度越差，18分为达标分值。评价分为4类等级，得分在［24，30］区间内，绿色度等级为A级；得分在［18，24）区间内，绿色度等级为B级；得分在［12，18）区间内，绿色度等级为C级；得分在［6，12）区间内，绿色度等级为D级。

5.3 评价体系指标与评分标准的确定

以下指标对木石结构是不适用的，有待进一步调研与确定。

5.3.1 资源消耗指标

通过资源消耗指标的设定，计算单体建筑结构建造过程中单位建筑面积所用建筑材料（在生产过程中）资源的消耗量。鼓励设计师尽可能降低材料用量，选择占用较少不可再生资源的材料，尽可能利用各种废弃物或再生材料生产的建筑材料。计算采用式1-1。

影响建筑结构资源消耗指标评分标准的因素有很多，包括建筑类型、结构类型、建造地区，以及计算包含的建筑材料种类等。不同建筑类型，所用建筑材料的单位建筑面积用量差异较大，例如，别墅一般体形复杂，房间面积较大，因此材料的单位用量也较普通住宅多，资源消耗量也比普通住宅大；同样，不同的结构类型，材料的用量差异也较大，一般抗震墙结构的建筑物水泥与钢筋用量较大，但框架结构的建筑物填充墙材料用量较大；建造在高地震烈度区的建筑物比同样建造在低地震烈度区的建筑物钢筋用量大。在选择参与计算的建筑材料种类时，为方便操作与理解的同时又具有代表性与概括性，最终选择了水泥、钢材与墙体填充材料三种建筑材料进行计算。

对不同建筑类型、结构类型、建造地区的建筑物进行资源消耗量的统计与分析，可得出每种情况下不同建筑结构资源消耗量的平均值（详第1篇）。根据统计结果进行评分标准的确定，其中1分与5分的基准值分别是平均值统计结果中的最高值与最低值，2、3、4分的分界值则是平均值统计结果中的次高值与次低值。结果详表2-4。

建筑物单位面积资源消耗量评分标准（t/m²） 表2-4

分值		II. 建筑类型				
		II.1 别墅	II.2 住宅	II.3 公共建筑	II.4 大型体育馆	II.5 其他
8度	1分	>2.047	>1.189	>1.189	同“材料用量”得分	
	2分	≤2.047 **>0.769**	≤1.189 **>0.650**	≤1.189 **>0.808**		
	3分	≤0.769 **>0.673**	≤0.650 **>0.533**	≤0.808 **>0.560**		
	4分	≤0.673 **>0.620**	≤0.533 **>0.506**	≤0.560 **>0.533**		
	5分	≤0.620	≤0.506	≤0.533		
7度、6度、非抗震	1分	>2.047	>1.189	>1.189		
	2分	≤2.047 **>0.769**	≤1.189 **>0.650**	≤1.189 **>0.785**		
	3分	≤0.769 **>0.673**	≤0.650 **>0.529**	≤0.785 **>0.560**		
	4分	≤0.673 **>0.620**	≤0.529 **>0.506**	≤0.560 **>0.533**		
	5分	≤0.620	≤0.506	≤0.533		

5.3.2 能源消耗指标

通过能源消耗指标的设定，计算单体建筑结构建造过程中单位建筑面积所用建筑材料（在生产过程中）能源的消耗量。鼓励设计师尽可能降低材料用量，选择生产能耗低的材料。计算采用第1篇式1-2。

考虑因素与计算方法同资源消耗指标的分析。

对不同建筑类型、结构类型、建造地区的建筑物进行能源消耗量的统计与分析，可得出每种情况下不同建筑结构能源消耗量的平均值（详第1篇）。根据统计结果进行评分标准的确定，其中1分与5分的基准值分别是平均值统计结果中的最高值与最低值，2、3、4分的分界值则是平均值统计结果中的次高值与次低值。结果详表2-5。

建筑物单位面积能源消耗量评分标准（GJ/m²） 表2-5

分值		II. 建筑类型				
		II.1 别墅	II.2 住宅	II.3 公共建筑	II.4 大型体育馆	II.5 其他
8度	1分	>4.038	>3.622	>4.691	同“材料用量”得分	
	2分	≤4.038 **>3.804**	≤3.622 **>3.592**	≤4.691 **>4.661**		
	3分	≤3.804 **>2.736**	≤3.592 **>2.426**	≤4.661 **>2.426**		
	4分	≤2.736 **>2.250**	≤2.426 **>1.947**	≤2.426 **>1.947**		
	5分	≤2.250	≤1.947	≤1.947		

续表

分值		II. 建筑类型				
		II. 1 别墅	II. 2 住宅	II. 3 公共建筑	II. 4 大型体育馆	II. 5 其他
7 度、6 度、非抗震	1 分	>4.038	>3.622	>4.314		
	2 分	≤4.038 **>3.804**	≤3.622 **>3.592**	≤4.314 **>4.284**		
	3 分	≤3.804 **>2.736**	≤3.592 **>2.426**	≤4.284 **>2.426**		
	4 分	≤2.736 **>2.250**	≤2.426 **>1.947**	≤2.426 **>1.947**		
	5 分	≤2.250	≤1.947	≤1.947		

5.3.3 CO_2 排放量指标

通过 CO_2 排放量指标的设定，计算单体建筑结构建造过程中单位建筑面积所用建筑材料（在生产过程中）CO_2 的排放量。鼓励设计师尽可能降低材料用量，选择对环境影响小的材料。计算采用第 1 篇式 1 –3。

考虑因素与计算方法同资源消耗指标的分析。

采用区间估计法，对不同建筑类型、结构类型、建造地区的建筑物进行 CO_2 排放量的统计与分析，可得出每种情况下不同建筑结构 CO_2 排放量的平均值（详第 1 篇）。根据统计结果进行评分标准的确定，其中 1 分与 5 分的基准值分别是平均值统计结果中的最高值与最低值，2、3、4 分的分界值则是平均值统计结果中的次高值与次低值。结果详表 2 –6。

建筑物单位面积 CO_2 排放量评分标准（t/m^2） **表 2 –6**

分值		II. 建筑类型				
		II. 1 别墅	II. 2 住宅	II. 3 公共建筑	II. 4 大型体育馆	II. 5 其他
8 度	1 分	>0.458	>0.383	>0.495	同“材料用量”得分	
	2 分	≤0.458 **>0.413**	≤0.383 **>0.381**	≤0.495 **>0.492**		
	3 分	≤0.413 **>0.275**	≤0.381 **>0.262**	≤0.492 **>0.262**		
	4 分	≤0.275 **>0.244**	≤0.262 **>0.203**	≤0.262 **>0.203**		
	5 分	≤0.244	≤0.203	≤0.203		
7 度、6 度、非抗震	1 分	>0.458	>0.383	>0.469		
	2 分	≤0.458 **>0.413**	≤0.383 **>0.381**	≤0.469 **>0.466**		
	3 分	≤0.413 **>0.275**	≤0.381 **>0.262**	≤0.466 **>0.262**		
	4 分	≤0.275 **>0.244**	≤0.262 **>0.203**	≤0.262 **>0.203**		
	5 分	≤0.244	≤0.203	≤0.203		

5.3.4 材料用量指标

通过材料用量指标的设定，计算单体建筑结构在建造过程中单位建筑面积所用建筑材料的用量。鼓励设计师尽可能选择合适的结构体系，合理设计材料用量。

考虑因素与计算方法同资源消耗指标的分析。在选择参与计算的建筑材料时，考虑钢材是较明确的判断因素，它对结构体系的合理性较敏感。因此仅对钢材进行计算，并作为唯一的评分指标。

采用区间估计法，对不同建筑类型、结构类型、建造地区的建筑物进行钢材用量的统计与分析，可得出每种情况下不同建筑结构钢材用量的平均值与置信概率为95%的用量值范围（详第1篇）。根据统计结果进行评分标准的确定，其中5分的基准值取置信概率为95%的材料用量值范围，1、3分则分别是高于和低于5分值范围的情况。结果详表2－7。

建筑物单位面积材料用量评分标准（t/100m²） **表2－7**

5分值范围			I1. 建筑类型				
			I1.1 别墅	I1.2 住宅	I1.3 公共建筑	I1.4 大型体育馆	I1.5 其他
I2. 结构类型	I2.1 砖砌体	8度	4.2～2.8 [**3.5**]	3.0～2.2 [**2.6**]	3.0～2.2 [**2.6**]		
		7度、6度、非					
	I2.2 小砌块砌体	8度	3.8～2.8 [**3.3**]	3.8～2.8 [**3.3**]	3.8～2.8 [**3.3**]		
		7度、6度、非					
	I2.3 混凝土框架	8度	6.8～4.8 [**5.8**]	7.7～5.1 [**6.4**]	9.0～6.6 [**7.8**]		
		7度、6度、非		5.9～4.1 [**5.0**]	7.4－6.0 [**6.7**]		
	I2.4与I2.5混凝土框架－抗震墙与抗震墙	8度	8.1～6.5 [**7.3**]	8.1～6.5 [**7.3**]	10.3～8.9 [**9.6**]		
		7度、6度、非			8.9～7.7 [**8.3**]		
	I2.6 钢－混凝土混合	8度		8.0～5.8 [**6.9**]	9.6～7.1 [**8.4**]		
		7度、6度、非					
	I2.7 钢框架	8度	7.5～3.5 [**5.5**]	8.0～5.8 [**6.9**]	9.6～7.1 [**8.4**]		
		7度、6度、非					

续表

5分值范围				I1. 建筑类型					
				I1.1 别墅	I1.2 住宅	I1.3 公共建筑	I1.4 大型体育馆		I1.5 其他
I2. 结构类型							跨度（m）		
	I2.8 大空间钢结构（所有烈度）	网架、网壳					25~30	1.2~1.8	
							30~40	1.5~3.0	
							40~60	2.5~4.0	
							60~80	3.5~5.0	
							80~100	4.0~6.5	
		桁架					11.2~7.8 [**9.5**]		
		门式刚架	单跨				15~30	2.0~3.0	
							30~60	3.0~4.5	
			双跨				30~54	1.7~2.6	
							54~66	2.5~3.0	
	I2.9 CL体系	8度							
		7度、6度、非		5.2~4.6 [**4.9**]	5.2~4.6 [**4.9**]				

注：1. ①大于表中范围：1分；②在表中范围：5分；③小于表中范围：3分。

2. [ ] 内为平均值。

3. “非”为非抗震。

5.3.5 本地化指标

通过本地化指标的设定，计算单体建筑结构在建造，过程中所用建筑材料与机具运输距离的平均分值。鼓励设计师尽可能选择当地生产的建筑材料以及适合当地的生产方式，减少建筑材料与机具运输过程中对环境的影响和破坏。计算公式如下：

$$E5 = \frac{\sum_{i=1}^{n} ID_i}{n} \qquad (式2-1)$$

式中 $E5$——单体建筑所用建筑材料与机具的本地化指标得分值；

ID_i——第 i 种建筑材料与机具运输距离的评分值。

其中 ID_i 的取值详表2-8。

建筑材料本地化评分标准 表2-8

分值	5分	3分	1分
运输距离	≤50km	50~100km	≥100km

选择12类主要建筑材料与机具参与计算，包括混凝土、水泥、砂子、石子、钢筋、钢型材、木材、填充墙、模板、支撑及脚手架、预制构件、机械机具。根据调研结果，

在特大城市与大城市中，大部分的建筑材料与施工机具的运输距离在50km与100km以内，因此选择50km与100km作为1、3、5分的评分基准值。但在中小城市或不发达的地区，该标准应依据当地情况适当放宽。

5.3.6 工厂化、预制化指标

通过工厂化、预制化指标的设定，计算单体建筑结构在建造过程中所用预制化构件比例的平均分值。鼓励设计师尽可能选择工厂化、预制化的构件生产方式，提高建筑材料与构件的回收率和再利用率，减少建筑垃圾的产生。计算公式如下：

$$E6 = \frac{IP_{max1} + IP_{max2}}{2} \qquad (式2-2)$$

式中 $E6$——单体建筑所用预制构件比例的得分值；

IP_i——第 i 种结构构件预制化程度的评分值，max1 与 max2 分别代表得分最高的前两项。

其中 IP_i 的取值详表2-9。

建筑构件预制化评分标准 表2-9

分 值	5分	3分	1分
预制构件体积与同类构件总体积比	≥50%	5%~50%	≤5%

选择5类主要结构构件参与计算，包括梁、板、柱、墙、基础。由于我国现有建筑的预制化程度还较低，因此将指标的标准取得较低，1、3、5分的分界值分别为5%和50%；同时最终得分也仅取得分最高的前两项的平均值。

第3篇　绿色建筑结构选型

1　背景

绿色建筑的绿色应体现在各个方面，绿色建筑的结构在全生命周期中，也应做到耗材最少、耗能最少、废弃物排放量最少，以做到对环境的冲击最少，同时还能更好地支持建筑的各种功能要求，给人们创造一个良好的环境，因此绿色建筑的结构选型在整个建筑物的生命周期中显得日益重要。

当前建筑结构的选型往往仅从结构的角度着眼，而没有分析各种结构体系对地球环境的影响，没有考虑可持续发展的原则，本篇以“绿色”为基本原则，从生产、设计、施工、验收、使用、拆除的全过程提出结构体系选型原则和导向，减少结构体系在全生命周期内的能源、资源消耗，降低环境负荷，并为建筑物提供安全的支撑。

2　各类建筑体系的结构选型

2.1　低层建筑

2.1.1　城镇低层房屋

1. 城镇低层房屋的建筑特点

（1）能提供标准较高的住宅，一般有院落，使室内外空间互相流通，平面布置紧凑，上下交通联系方便，能创造更好的居住环境。

（2）对基地要求不高，能够因地制宜，根据地势创造优美、丰富的建筑和环境。

（3）对结构材料要求不高，可就地取材，易于建造。

（4）占地面积较大，道路、管网以及其他市政设施投资较高。

（5）对建筑装修材料的品质要求高。

（6）单位成本高，资源能源消耗大。

2. 小城镇住宅建筑结构形式

据不完全资料统计显示[11]，全国各个小城镇住宅中，使用砌体结构的占50%左右，混凝土结构的占30%左右，砖（土）木结构的占20%左右。如表3－1所示，从上世纪90年代开始，我国小城镇住宅由单一的结构形式向多元化方向发展。

小城镇住宅常用的结构形式分析比较表 表3－1

结构类型	所用材料	施工方法	优缺点	发展前景
砌体结构	砖、混凝土空心砌块、石材等。砖类包括烧结黏土砖、页岩砖、煤矸石砖和粉煤灰砖及多孔砖。非烧结类的蒸压灰砂砖、蒸压粉煤灰砖。砂浆	砌筑为主	优点：造价低，取材方便，施工方便 缺点：使用黏土砖时浪费土地资源	该结构体系在小城镇住宅中用的最多，特别是砖混结构。混凝土砌块开始在全国范围内大力推广，这种砌块强度高，取材广泛，施工方便，造价低廉，能够很好地代替黏土砖
混凝土框架结构	混凝土、钢筋	现场浇注、预制构件装配	优点：取材方便，能提供大的空间 缺点：造价略高，施工技术要求高	该结构形式在小城镇住宅中应用较少，在以后的住宅建设中的应用会越来越多
异型柱结构	混凝土、钢筋	现场浇注为主	优点：能提供尽可能多的使用面积 缺点：施工难度大，造价略高	有效地解决了框架结构露柱、露梁的问题，要求施工质量比较高，填充墙与柱、梁的结合要有可靠保证，规范出台滞后，使用受到了很大限制
大开间抗震墙结构	混凝土、钢筋	现场浇注	优点：开间大，空间布置灵活，抗震性能良好 缺点：施工难度大，造价略高	这种结构形式的适用地区很广，特别是在富饶地区；广大农村则很少使用
钢结构	各类型钢、板材	现场焊接、装配	优点：抗震性能优良，施工速度快 缺点：造价高，施工技术要求高	在当前的小城镇建设中很少使用
木结构	木材、钉子	现场制作	优点：居住舒适，对基础要求低，抗震性能好 缺点：由于木材短缺，使用受地域限制	是将来环保建筑发展的方向。随着我国林业的发展，在小城镇住宅结构中的使用将越来越多
竹结构	竹子	现场制作	优点：就地取材，施工速度快，对基础要求低	发展新型竹楼，是解决贫困地区少数民族居住问题、提高小城镇住宅水平的一个较好的途径
夯土结构	黏土	夯筑	优点：就地取材，对环境无污染	很少使用
覆土结构	借助土体	挖掘	优点：居住舒适，节能环保	在土自持性好的地区该种结构形式将有很好的前景

除以上介绍的结构形式以外，还有很多结构形式在实际工作中也可能遇到，只要我们整体考虑，认真比较，每种结构形式都可以发挥它最大的效用来为小城镇住宅服务。由于限制黏土砖的使用，非黏土砖体系和可替代黏土砖体系将在小城镇住宅中发挥重要作用。

3. 小城镇低层房屋的结构选型

（1）我国现阶段城镇低层房屋建筑中，砌体结构为主要的结构建造形式。通过前文基础数据分析显示，砌体结构中水泥、墙材用量都很高，对绿色度影响较大，因此在墙材选择上宜选择本地化材料，如植物纤维砌块、混凝土砌块、黄河淤泥砖、石材等。

（2）当建筑功能要求房间开间尺寸较大时（砌体房屋最大开间不宜大于6.6m），也有采用混凝土抗震墙结构形式的实例。此种结构用于城镇低层房屋中，虽然墙体材料用量有所减少，但钢材、混凝土用量达到砌体结构的两倍，使环境负荷成倍增长，不建议推广使用。

（3）轻钢结构别墅在一些发达国家广泛建造，但受到相应的施工、设计配套技术还不够完善的限制，目前国内还较少采用。但其具有工业化生产且回收再利用率高的特点，可加大研究力度，在经济较发达地区的城镇低层房屋中尝试推广使用。

（4）木结构房屋在房型设计方面更灵活，改变结构简便，不必拘泥于传统房屋的许多限制条件。木材是一种天然的、可生物降解的材料，也是可再生的建筑材料。从能源利用和污染方面比较，木结构对环境的影响较小，施工周期短，施工干净简单。但在我国目前森林资源比较缺乏的情况下，应严格控制木材的来源，以免造成对我国脆弱的森林系统的毁坏。要发展速生丰产林，采用高强复合工程用木材。

（5）城镇低层房屋也可采用各种节能、保温、经济的新型结构体系，如模网结构体系等。

2.1.2 农村低层建筑

1. 农村低层建筑的建筑特点

（1）形成当地建筑传统。很多传统建筑极具地方特色，就地取材，施工简便，经济实用，污染物排放量小，利于保护自然生态环境，绿色程度很高；但也有一些缺点是用传统的建筑方法不能消除的。

（2）住宅与公共建筑的建设标准均较低，市政设施薄弱。

（3）对基地要求不高，占地面积较大。

（4）对结构材料要求不高，可就地取材，易于建造。

（5）对建筑装修材料的品质要求不高。

（6）单位建设成本低。

2. 农村低层建筑的结构选型

(1) 本着节地、节能、节材、环保、可持续的原则，尽量采用当地成熟的结构类型、施工方法，采用当地富有的结构材料，减少施工、材料、运输等各个环节的费用。在不影响传统建筑特色的基础上，采用先进技术提升当地传统建筑的品质，避免传统建筑原有的缺点。

(2) 根据当地的资源情况选择合适的结构类型，如黏土丰富地区可采用黏土砖砌体结构，在页岩丰富地区发展页岩产品，在富土、富木、富竹、富石地区采用土、木、竹、石结构的房屋，但也应注意采取措施保护当地的生态环境，避免过度开发，做到可持续发展。

夯土结构是一种经济方便的结构形式，并且居住舒适，环保节能。但是其抗震性能较差，不适于在多震地区使用。如果能在夯土结构中加入添加剂使其土体的强度和韧性提高到抗震所要求的水平，那么其在农村建筑中将会有很强的生命力。

木结构建筑在农村建筑结构中应用最为广泛的应该是人字形木结构屋顶了。现在广大农村地区仍采用木结构屋顶，它重量轻、施工方便、维修便利、造价低廉、居住舒适，受到用户的广泛青睐。木结构重量轻，抗震性能优良，对于多震、软土地区是比较理想的建筑结构体系。木结构是未来绿色建筑发展的一个重要方向，对于木材充足的地区，可以考虑使用木结构，特别是那些经常发生地震的地区。由于我国木材产量比较落后，要想广泛采用木结构还需要很长的一段路程。

由于我国木材短缺使得木结构的推广受到阻碍，“以竹代木”使竹产业得到一定的发展，特别是在那些盛产竹子的地区。竹结构具有得天独厚的优势，竹材力学强度较高，其抗拉强度和抗压强度平均为木材的二倍，而且富有较好的弹性和韧性。云南应用新型竹质材料改进和建造竹楼民居已有成功实例。应用竹建材改进和发展民居，把它作为农村住宅建筑形式之一，在合适的地区进行推广很有必要。用新型竹建材改进、提升传统竹楼民居，并推进环保型建筑的产业化，不但能解决人类生存最基本的居住问题，而且能从多方面解决云南南部少数民族地区的生态环境、社会经济和传统文化等问题。

我们应从自然生态、建筑技术的角度挖掘出传统建筑对建筑本质的把握，充分利用气候、环境因素进行设计，节约资源、能源，维护生态环境，丰富民族风情的建筑形式，创造出舒适宜人的生活环境。

(3) 积极发展开发和利用当地资源、能源且环保的新技术、新材料。如砌体结构在我国村镇低层建筑中应用广泛，技术成熟，但传统的墙体材料黏土砖对土地的破坏非常严重，开发、推广新的墙体材料替代黏土砖迫在眉睫。例如，在工业地区、富矿地区发展利用工业、矿业废料的蒸压灰砂废渣制品、粉煤灰砖、煤矸石砖等承重墙体材料；在农业地区，发展利用农业秸秆、稻壳生产的植物纤维砌块等。

2.2 多层建筑

2.2.1 多层住宅建筑

1. 多层住宅的建筑特点

(1) 从平面组合来说，多层住宅必须借助于公共楼梯（大于6层时需用电梯）解决垂直交通，有时还须设置公共走廊解决水平交通。

(2) 与低层和高层住宅相比，多层住宅比低层住宅节省用地，造价比高层住宅低，适合于一般的居住生活水平，是我国历年来大量建造的住宅类型。

(3) 多层住宅与室外联系不及低层住宅方便，尤其对没有设置电梯的住宅，上面几层的垂直交通给幼儿和老年人带来不便。

2. 多层住宅的结构选型

(1) 砌体结构。我国现阶段1~6层住宅中，砌体结构（特别是砖混结构）占较高比重。尤其在抗震设防烈度较低的地区（非抗震地区多层住宅绝大多数采用砖混结构），房屋主要承受竖向荷载，砌体材料能很好地发挥其力学性能。易于取材，设计、施工技术成熟等特点使得砌体结构在未来相当长时间内仍会是1~6层多层住宅的主要结构类型。

建筑平面、空间的不同布局对砖混结构住宅造价的影响见表3-2。

多层砖混结构住宅各种不同条件时的造价比 表3-2

<table>
<tr><th>序号</th><th colspan="2">项目</th><th colspan="8">所占造价的比例</th></tr>
<tr><td rowspan="3">1</td><td rowspan="3">不同层高</td><td>单层</td><td colspan="8">高度增加1m，造价增加1.5%~3%</td></tr>
<tr><td rowspan="2">多层</td><td>层高（m）</td><td>2.8</td><td>3.0</td><td>3.2</td><td>3.4</td><td colspan="2">3.6</td><td>3.8</td></tr>
<tr><td>造价（%）</td><td>99</td><td>100</td><td>103</td><td>107</td><td colspan="2">110</td><td>113</td></tr>
<tr><td rowspan="2">2</td><td colspan="2" rowspan="2">不同层数</td><td>层数</td><td>1</td><td>2</td><td>3</td><td>4</td><td colspan="2">5</td><td>6</td></tr>
<tr><td>造价（%）</td><td>100</td><td>90</td><td>84</td><td>80</td><td colspan="2">82</td><td>85</td></tr>
<tr><td rowspan="2">3</td><td colspan="2" rowspan="2">不同外形</td><td>外形</td><td>长方形</td><td>L形</td><td>H形</td><td>Y形</td><td colspan="2">U形</td><td>圆形</td></tr>
<tr><td>造价（%）</td><td>100</td><td>103~108</td><td>102~105</td><td>103~107</td><td colspan="2">105~109</td><td>107~113</td></tr>
<tr><td>4</td><td colspan="2">不同走廊形式</td><td>走廊形式
造价（%）</td><td>内廊
100</td><td>内外廊
101</td><td>梯间
106</td><td>外廊
107</td><td colspan="3">半内廊
110</td></tr>
<tr><td>5</td><td colspan="2">不同进深</td><td>进深（m）
造价（%）</td><td>4.4
101</td><td>4.8
100</td><td>5.2
99</td><td>5.6
98</td><td colspan="3">6.0
97</td></tr>
<tr><td>6</td><td colspan="2">不同开间</td><td>开间（m）
造价（%）</td><td>2.8
107</td><td>3.0
104</td><td>3.2
102</td><td>3.4
100</td><td>3.6
99</td><td>3.8
97</td><td>4.0
96</td></tr>
<tr><td>7</td><td colspan="2">不同户平均居住面积</td><td>面积（m^2）
造价（%）</td><td>24
104</td><td>27
102</td><td>31
100</td><td>44
98</td><td>50
97</td><td>55
95</td><td>57
94</td></tr>
<tr><td>8</td><td colspan="2">不同单元组合</td><td>单元
造价（%）</td><td>2
100</td><td>3
96.8</td><td>4
95.2</td><td>5
94</td><td>6
93.4</td><td>7
92.8</td><td></td></tr>
</table>

注：此表来自于曹善琪主编的《民用建筑可行性研究与快速报价》，中国建筑工业出版社2002年出版。

从表中不难看出，虽然同为多层砖混结构住宅，建筑平面、空间的不同布局会对建筑的绿色程度产生进一步的影响。所以，在满足建筑功能、结构安全的同时需要兼顾建筑的经济性。选择合理的层高、层数，受力合理的体形，完善的单元组合都可以有效降低材料消耗，减少环境负荷，这也是建筑及结构设计人员在今后的实际工作中需要提高认识并合理运用的。

积极开发节能环保的轻型承重墙体材料，提高墙体材料的强度和耐久性，限制黏土砖的使用，推广节能型砌体结构的应用，都是提高砌体住宅绿色度的有效措施。例如采用混凝土小型空心砌块砌体结构来建造多层住宅，绿色度较高，并且小砌块砌体结构可以建造大开间住宅，加大了住宅的可改造性。

（2）框架结构。在抗震设防烈度较高的地区，由于无筋砌体结构层数受到限制，住宅功能及使用要求也日益多样化，框架结构住宅得到较快发展并广泛应用。当建筑平面布置要求灵活、底层有商店等功能需求或要兼顾今后改造的可能性时，可优先考虑框架结构形式。对柱体占用使用空间的问题，也可采用异型框架柱结构体系解决，此种结构体系在天津等地区应用较成熟。由于框架结构的墙体不用承重，可以使用轻型环保保温材料，在减轻结构自重的同时也节约了使用能耗。

（3）抗震墙结构。在抗震设防烈度较高的大、中型城市，抗震墙结构在住宅（特别是7~9层住宅）中占有相当高的比例。究其原因，除了因其适合户型灵活布置，抗震性能好以外，成熟的大模板施工技术、方便的商品混凝土配送等都提高了抗震墙结构住宅的综合经济性能。但从结构体系资源消耗、能源消耗和CO_2排放量的对比可明显看出，由于钢筋和混凝土用量大，使得抗震墙结构这三项数据均处于高值，特别对于多层住宅，绿色度较低。预制装配技术、结构保温一体化技术等都是提高该体系绿色度的手段。

（4）钢结构。近年来，随着我国钢产量的提高，钢结构在我国多层住宅中得到了一定的研究和应用。多层住宅采用轻型钢结构体系，自重轻，地震作用小，外围护墙和内隔墙采用轻质材料，进一步减轻了建筑自重。多层轻型钢结构住宅工厂化程度高，施工周期短，拆除回收利用率高，符合当前可持续发展的要求。但其建造费用略高，对施工队伍的技术管理水平要求也很高，可在经济技术发达地区先行使用。

（5）新型结构体系。多层住宅节能要求较高，大多平面、竖向都比较规则，适宜于工厂化生产，很多新型结构都能满足多层住宅的这个特点，如建筑模网混凝土抗震墙结构体系、CL复合混凝土抗震墙结构体系等，都具有结构保温一体化、工业化程度高、施工速度快、结构性能好、经济效益好等特点，在我国住宅建筑中得到了一定的应用。很多新型结构还能建造较大的建筑空间，有利于建筑功能的重新组织，我们应进一步加大力量对其研究和推广。

2.2.2 多层公共建筑

1. 多层公共建筑的建筑特点

（1）建筑平面布置较住宅灵活，使用功能复杂，需要提供部分大空间，以满足使用要求。

（2）立面造型构成丰富多变。

（3）对于有可能人员密集的公共建筑，交通疏散要求较高。

（4）对市政管线及相应设备的需求较多层住宅高，投资加大。

2. 多层公共建筑的结构选型

（1）第1篇的统计显示：1～9层公共建筑绝大多数选择了钢筋混凝土框架、框架－抗震墙结构形式；钢结构也有一定的应用，发展空间较大；抗震设防烈度对公共建筑的结构选型影响甚微。

（2）框架、框架－抗震墙结构可形成较大的空间，有利于会议厅、休息厅、餐厅、商场的布置；隔墙全部为非承重构件，建筑平面可以灵活设计；框架梁悬挑时，底层架空、开通窗、转角窗等措施丰富了建筑的立面造型。这些都是框架、框架－抗震墙结构在多层公共建筑中应用较多的原因。

（3）开窗尺寸合理，利用框架梁代替门窗过梁；将高度相同或相近的空间进行合理组合，减少错层；合理选用轻型环保的保温墙体材料等建筑措施可达到减轻结构自重、减少材料用量、方便施工的目的，从而进一步提高多层公共建筑的绿色度。

（4）经济发达地区的多层大跨公共建筑也可考虑采用轻型钢结构体系，但需要加大钢结构相关技术的研究和从业人员的培训。

（5）也可采用建筑模网混凝土抗震墙、CL复合混凝土抗震墙等新型结构体系，促进新型结构体系的应用和发展，但应注意其配套技术的研发。

2.3 高层建筑

2.3.1 高层住宅建筑

1. 高层住宅的建筑特点

（1）可提高住宅的容积率，节约城市土地。

（2）可节省市政建设投资。

（3）可以获得较多的用地，用以布置公共活动场地、绿化环境、丰富城市景观。

（4）高层住宅必须借助于公共电梯解决垂直交通，空间相对封闭，交流不便，对视等高层住宅特有的一些问题会对居民生理和心理产生一些不利影响。

（5）设备管线占用空间加大。供水、供暖、消防、市政管线及相应设备需求较高，投资较大。

（6）需要考虑高层风载对舒适度的影响。

（7）地震作用加大，对结构抗侧力刚度的要求增加。

（8）有些地下室要兼顾战时人防和平时地下车库等多重使用功能。

2. 高层住宅的结构选型

（1）第1篇的统计结果显示：高层住宅建筑大部分采用了抗震墙、框架和框架－抗震墙结构形式。在北京、天津地区绝大多数选择了抗震墙结构形式。

（2）高层住宅建筑由于其使用功能上的特点，要求在平面布置中有许多纵、横内隔墙，而抗震墙结构由于其承重和抗侧力功能与建筑使用功能自然地适应，使发挥结构作用的抗震墙与发挥分隔作用的纵、横内隔墙有可能统一在一起，从而显示出它在住宅建筑中使用的优越性。加上其施工较为方便，技术经济指标较好，抗震性能可靠，所以抗震墙结构体系就成为我国现阶段高层住宅建筑结构体系选型的首选方案。但过多的抗震墙不仅是不经济的，而且还会给建筑带来过多的限制，增大地震剪力，在建筑方案或初步设计中，应通过结构方案试算对比，合理确定抗震墙的数量和位置。

（3）随着我国经济的迅速发展，对住宅底层的娱乐、超市、会所等公共服务建筑空间的需求逐步提高，框架和框架－抗震墙的结构形式可以满足上部住宅小开间，下部空间墙体少、自由灵活的多种设计要求，在高层住宅建筑中也被广泛采用。

（4）结构选型还应考虑，在房屋设计年限中能满足人们对住宅使用功能不断更新的要求，避免因改造、拆除、重建等造成能源浪费和环境污染。因此对于外墙及分户墙为抗震墙、户内隔断可灵活布置的大开间开放式住宅来说，抗震墙结构体系是值得推广与普及的高层住宅结构体系。

（5）高层钢结构住宅宜采用三维框架结构体系，亦可采用平面框架体系，此时须加强各框架间的连接与支撑。框架体系抗侧移刚度小，在风荷载、地震荷载作用下，其层间侧移和总侧移较难满足规范的要求，故需设置各种侧向抗力体系。主要有钢框架体系、框架－中心支撑体系、框架－偏心支撑体系、框架－核心筒体系、交错桁架体系、框架－抗震墙体系。

钢结构住宅结构体系可建造在6度、7度、8度抗震设防地区。

在今后的发展中，作为提高高层住宅结构绿色度的途径之一，应加快对钢结构住宅的研究，提高钢结构住宅的各项性能，并首先在经济技术发达的地区使用推广。

（6）经济技术发达的地区也可选用钢－混凝土结构体系，该体系具有结构抗震性能好，构件截面小，结构自重轻的优点。

（7）抗震性能较好且绿色度较高的配筋砌块砌体结构在我国已初步形成体系。由于具有与混凝土抗震墙受力性能相似的特点，该体系正在由中、低层向高层住宅范围扩大应用和开发。随着理论研究和施工技术等日趋成熟，这种新型结构形式将进一步在高层住宅结构中被推广应用。对于其他新型结构体系，仍应加大其基础理论研究。

(8) 可考虑采用减震隔震措施，削减结构的地震作用，从而减少地震灾害，提高人民生命财产安全度，降低震后维修费用。减震隔震是高烈度地震区建筑结构技术的发展方向。

2.3.2 高层公共建筑

1. 高层公共建筑的建筑特点

(1) 建筑空间组成复杂，通常有门厅、餐厅和会议厅等较大空间的要求，平面布置要求灵活。

(2) 由电梯、疏散楼梯、消防电梯组成垂直交通系统，且交通疏散要求较高。

(3) 设备管线要占用一定空间，层高较住宅要高。

(4) 供水、供暖、消防、市政管线及相应设备需求较高，投资较大。

(5) 需要考虑高层风载对人们舒适度的影响；对结构抗侧力刚度的要求增加。

(6) 有些地下室要兼顾战时人防、平时地下车库等多重使用功能。

2. 高层公共建筑的结构选型

(1) 第1篇统计结果显示：10层以上公共建筑绝大多数选择了框架、框架-抗震墙结构形式，部分采用了抗震墙、钢结构。抗震设防烈度对其结构选型影响甚微。

(2) 设计、施工水平成熟，柱网间距大，可满足多种建筑空间需求，是现阶段高层公共建筑较多采用框架、框架-抗震墙结构形式的主要原因。但这两种结构形式的材料用量、资源和能源消耗以及 CO_2 排放量均明显高于其他结构体系。采用轻质高强的结构材料（如高强度钢材、钢筋和混凝土），可以有效减轻结构自重，节约材料用量，提高高层公共建筑的绿色度。

(3) 随着经济的发展、技术的进步，钢结构尤其是钢-混凝土混合结构的优点日益显露出来。近年来，我国各大城市相继兴建了大量钢结构（S）、钢-混凝土混合结构（S-RC）、型钢混凝土结构（SRC）和钢管混凝土结构（CFT）高楼。从用钢量、面积利用系数、基础费用、工期、可回收利用等多方面的综合经济效益来看，在高层建筑中，钢结构及钢-混凝土混合结构与钢筋混凝土结构的差距正在缩小，而环境效益日益显露，即使在我国当前的经济和技术条件下，该类结构在高层中也存在较大、较快发展的可能。

(4) 高抗震设防烈度区采用减震隔震结构能够大幅度减小地震作用，使结构在大震时不破坏或轻微破坏，减少地震灾害及其次生灾害，保护建筑物内设备、仪器和人员安全，是建筑结构可持续发展的方向之一。高抗震设防烈度区高层公共建筑特别是重要的公共建筑、室内设备仪器较多的公共建筑采用减震隔震结构有更好的综合经济效益和社会效益。

3 各类结构体系的研究

3.1 砌体结构

3.1.1 建筑结构

1. 结构特点

砌体结构是由块体和砂浆砌筑而成，墙、柱作为建筑物主要受力构件的结构体系。由于其拥有就地取材、造价低廉、施工简单等优势，是我国使用时间最长、应用最普遍的结构体系（图3－1）。目前应用比较多的产品主要有砌块和砖两大类，包括混凝土砌块、陶粒砌块、煤矸石砌块、粉煤灰砌块、加气砌块、植物纤维混凝土砌块、烧结多孔砖、烧结页岩砖、混凝土多孔砖、粉煤灰烧结砖、粉煤灰黏土烧结空心砖（多孔砖）、煤矸石烧结砖、蒸压灰砂砖、蒸压粉煤灰砖、粉煤灰水浸砖等。

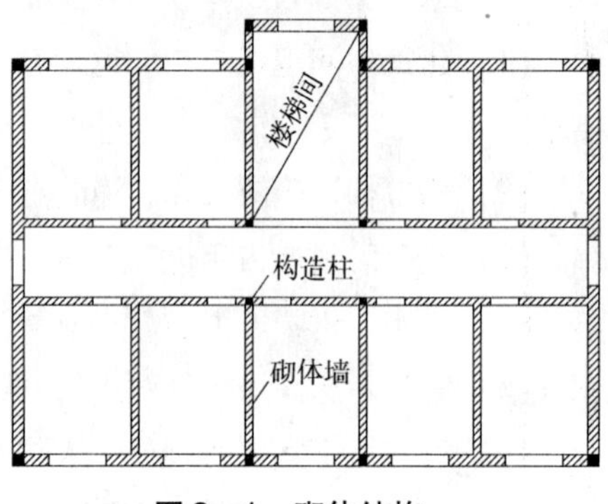

图3－1 砌体结构

2. 适用高度和层数

一般情况下，房屋的层数和总高度不应超过表3－3的规定。

房屋的层数和总高度限值（m） **表3－3**

房屋类别		最小抗震墙厚度（mm）	烈度											
			6		7				8				9	
			0.05g		0.10g		0.15g		0.20g		0.30g		0.40g	
			高度	层数	高度	层数	高度	层数	高度	层数	高度	层数	高度	层数
多层砌体房屋	普通砖	240	21	7	21	7	21	7	18	6	15	5	12	4
	多孔砖	240	21	7	21	7	18	6	18	6	15	5	9	3
	多孔砖	190	21	7	18	6	15	5	15	5	12	4	—	—
	小砌块	190	21	7	21	7	18	6	18	6	15	5	9	3

3. 设计要点

（1）模数问题。房屋墙体尺寸应符合模数，普通砖墙体应符合3M（M=100mm）；小砌块墙体平面尺寸应符合2M，特殊情况下可采用1M，竖向设计应符合1M。

（2）局部尺寸。方案设计时应注意尽量不要采用小墙垛，窗间墙尺寸不要太小，以免因抗震需要设置构造柱过多，造成施工困难，结构造价提高。

（3）角窗问题。在砌体结构中尽量不要在外墙转角设置角窗，特别是在抗震设防高烈度区。《北京市2004年施工图纸审查要点》中明确要求：砌体结构不应在房屋角部设置转角门窗。

（4）错层结构。砌体结构不宜采用错层结构（指楼板顶面高差大于500mm的情况），特别是连续多个错层。由于错层结构抗震性能不好，在砌体结构中使用错层结构会造成结构费用成倍增加。

（5）内框架结构。砌体结构不应采用单排柱内框架结构形式。《北京市2004年施工图纸审查要点》中要求：砌体结构不应采用内框架结构房屋。在新颁布的《建筑抗震设计规范》（GB 50011—2010）中取消了内框架砖房的内容。

（6）开间尺寸。砌体房屋的开间尺寸不宜过大，最大不宜大于6.6m。房屋的开间大小应结合建筑功能合理配置，大开间的房屋在整栋房屋中的比例不宜过大，以免因抗震需要增加结构造价。

（7）纵横墙布置。纵横墙的布置宜均匀对称，沿平面内宜对齐，沿竖向应上下连续；同一轴线上的窗间墙宽度宜均匀。

（8）楼梯间。楼梯间不宜设置在房屋的尽端和转角处。

（9）伸缩缝。伸缩缝间距应符合砌体规范要求。

3.1.2 建筑设备

水、电、设备专业在墙体上的留洞应与结构专业紧密配合，尽量将洞口留设在非承重墙上；在承重墙体上的留洞应预先设置，不得后凿；当洞口离墙端很近时，局部墙体应改为钢筋混凝土墙体；不应在长度小于500mm的承重墙体、独立柱内埋设管线；对于大开间结构体系中墙体留洞、敷线的控制宜更严格一些，必要时，应作结构验算；砌体承重墙上严禁剔水平槽。

对于混凝土小型空心砌块砌体结构，墙体排块设计时还应注意设备及电气专业的留洞布置。洞口较大时，对留洞及埋设设备和管线的墙体，需进行强度及稳定性验算，以满足结构要求。

在砌体结构的建筑中使用太阳能热水系统时，太阳能热水设备不宜直接安装在承重墙体上，宜在连接部位的墙体上增设钢筋混凝土梁或柱。应注意非结构受力构件（如轻质填充墙）上不得设置集热器。

3.1.3 施工工艺

砌体结构的主体结构施工除基础、楼板外主要是墙体的施工，即墙体砌筑。这是一种传统的施工工艺，通常包括抄平、放线、摆砖（脚）、立皮数杆挂准线、铺灰砌砖、勾缝等工序，最后支模浇筑构造柱。但混凝土小型空心砌块墙体的砌筑还应注意留设芯柱清扫孔、排水孔、排水麻绳，注意不要将砌块的导水腔灌孔。砌块墙体芯柱的施工不用模板，比普通砌体构造柱节省了辅助用材和工序。另外，装饰、保温、承重一体化墙材的施工可以减少施工工序、节省工期，不必进行保温层、装饰层的单独施工，节省了装修费用，带来很好的经济效益，并且延长了保温层的使用周期，是墙体改革的发展方向之一。

钢筋混凝土构造柱、芯柱和底部框架－抗震墙砖房中砖抗震墙的施工，应先砌墙后浇构造柱、芯柱和框架梁柱。

一般墙体的砌筑周期为每层3～4天。

3.1.4 使用与维护

(1) 砌体结构的房屋在使用期间，严禁剔凿水平槽，不得随意拆除墙体或在墙体上开凿洞口，以防承重墙体强度被过分削弱。房屋重新装修前应咨询结构工程师，防止因改造电路、盲目改变使用空间等原因造成对承重墙体的破坏，从而影响结构安全。

(2) 不得随意改变房屋的使用功能，以防荷载超载，给结构带来安全隐患，减少房屋的使用寿命。

(3) 砌体结构和结构构件在设计使用年限内，在正常维护条件下，必须保持适合使用，而不需大修加固。

3.2 钢筋混凝土框架结构[51]

3.2.1 建筑结构

1. 结构特点

框架结构的优点是强度高、自重轻、整体性和抗震性好。它在建筑上的最大优点是建筑平面布置灵活，可以获得较大的使用空间，构成丰富多变的立面造型（图3－2）。既可用于多层建筑，也可用于高层建筑，应用极为广泛。

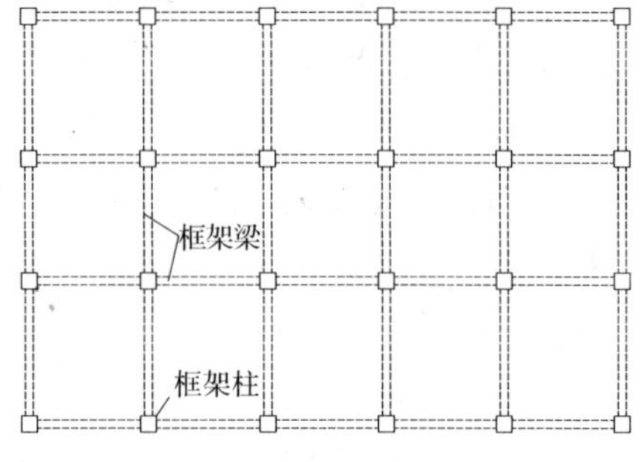

图3－2 钢筋混凝土框架结构

如果能够运用和发挥框架结构的特点，去塑造富有艺术表现力的建筑造型，那么结构与造型两者都可相得益彰，收到良好效果。例如，根据连续梁端部适当悬挑有利于减少跨中弯矩的原理，把建筑底层的室内空间向周边延伸，这种设计手法，不仅对结构有利，而且扩大了建筑使用面积，同时室内空间的艺术处理也有新意，是现代建筑中比较多用的一种设计手法。另外，有些房屋把底层的楼盖悬挑出很厚的周边雨篷，使高层建筑立面给人以高中有宽、耸而不危、周边开阔舒坦的感觉。这种多层次空间处理，也是现代建筑中常用的一种设计手法。上面两种设计手法都是对框架悬挑的绝妙运用。

2. 适用高度

一般情况下，钢筋混凝土框架结构房屋的总高度不应超过表3-4的规定。

钢筋混凝土框架结构房屋的总高度限值（m） 表3-4

结构类型	非抗震设防	抗震设防烈度				
		6	7	8（0.20g）	8（0.30g）	9
框架	70	60	50	40	35	24

3. 设计要点

（1）框架应设计成双向梁柱抗侧力体系，以承受纵横两个方向的地震作用及风荷载。

（2）抗震设计的框架结构不宜采用单跨框架。

（3）框架梁、柱中心线宜重合。

（4）框架结构的填充墙及隔墙宜选用轻质墙体。

（5）框架结构考虑抗震设计时，不应采用部分由砌体墙承重之混合形式。框架结构中的楼、电梯间及局部出屋顶的电梯机房、楼梯间、水箱间等，应采用框架承重，不应采用砌体墙承重。

（6）利用框架梁代替门窗过梁，是减少构件、方便施工的常用措施。

3.2.2 建筑设备

（1）柱内埋管。由于梁的纵筋锚入柱内，一般情况下仅在柱的四角才有条件埋设较粗的管。管截面面积占柱截面4%以下时，可不必验算。柱内不得穿暖气管。

（2）梁上开洞。梁上开洞时，不但要计算洞口加筋，更应验算梁洞口下偏拉部分的裂缝宽度，从构造上应保证不发生冲切破坏和斜截面受剪破坏。

（3）电线管集中穿板处，应验算板的抗剪强度或开洞形成管井。电线管竖向穿梁处应验算梁的抗剪强度。

（4）构件不得向电梯井内伸出，否则应验算电梯井空间尺寸。电梯井壁的柱子可外移或做成L型柱。

（5）应验算水箱、电梯机房及设备下结构强度。水箱不得与主体结构做在一起。

(6) 当地下水位很高时，暖沟应做防水。一般可做U型混凝土暖沟，暖气管通过防水套管进入室内暖沟。有地下室时，混凝土应抗渗，抗渗等级为S6或S8，混凝土等级应大于等于C25，内掺膨胀剂。混凝土外墙应注明水平施工缝做法，一般加金属止水片，较薄的混凝土墙做企口较难。

(7) 基础埋深较浅时，暖沟入口及设备留洞有可能比主体结构基础还低，此时基础应作局部降低处理。

3.2.3 施工工艺

一般按框架的施工方法划分为四种类型。

1. 现浇整体式框架

这种框架全部构件均在现场现浇成整体，具有整体性和抗震性好、结构用钢量省、工程造价较低、构件尺寸不受标准构件所限制、对房屋各种使用功能的适用性大等特点，是目前我国广泛采用的施工方法。但这种施工方法也存在着模板技术复杂、现场用工多等问题。

2. 半现浇框架

半现浇框架结构一般是指现浇梁、柱，预制楼板或者是现浇柱，预制梁、板的结构。它的主要优点是节点构造简单，比全现浇框架节约模板20%左右，比装配框架节约钢材和水泥20%左右。同时还增强了结构整体性，提高了抗震能力。

3. 装配整体式框架

装配整体式框架是指将预制梁、柱装配就位后，通过局部现浇混凝土使构件连接成整体的框架。它的主要特点是保证了节点的刚接，结构整体性好，可省去连接件，但增加了现场浇捣混凝土的工作量。这种框架可以在地震区采用，但建造高度等受到抗震性能的限制（如7度区只允许最高建造35m）。

4. 装配式框架

这种框架梁、柱、楼板等构件均采用工厂化预制生产，从而节省现场施工模板的支拆工作，可加速施工进度和提高建筑工业化程度。不过，这种框架构件节点的连接构造应达到刚节点的要求。目前节点构造的做法仍在不断研究改进中，故这种施工方法现在还不成熟。

随着人民生活水平的提高，人们对建筑品质的要求也越来越高，但是，工人却越来越缺乏，现场施工的建筑品质低，劳动强度大，建筑质量难以保证，因此提高建筑工业化程度，是建筑业发展的方向。提高建筑工业化程度可以使工人的劳动强度大幅度减少，确保房屋制造的质量，降低施工噪声，有利于环境保护，并容易满足室内设备安装和装饰装修的要求。

3.3 钢筋混凝土抗震墙结构[51]

3.3.1 建筑结构

1. 结构特点

抗震墙结构体系是由钢筋混凝土墙体相互连接构成的承重墙结构体系，用以承担重力荷载及水平荷载（风荷载和地震作用），同时也兼作建筑物的围护外墙和内部各房间的分隔内墙（图3－3）。适用于隔墙较多的住宅、公寓和旅馆建筑。

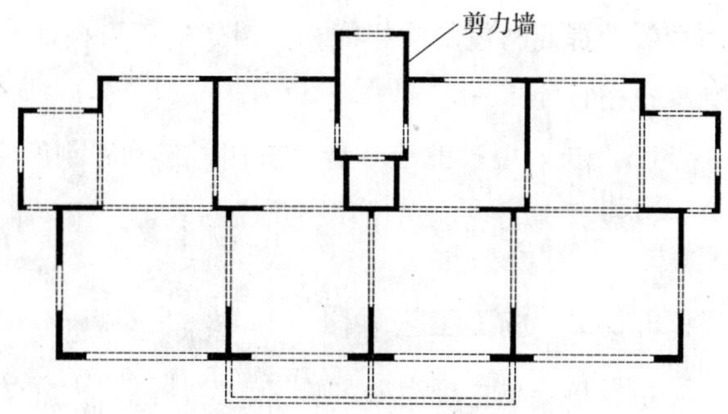

图3－3　钢筋混凝土抗震墙结构

（1）优点：①集承重、抗风、抗震、围护与分隔为一体，经济合理地利用结构材料；②结构整体性强，抗侧刚度大，侧向变形小，在承载力方面易于满足要求，适于建造较高建筑；③抗震性能好，具有承受强烈地震裂而不倒的良好性能。

（2）局限：①墙体较密，使建筑平面布置和空间利用受到限制，很难满足大空间建筑功能的要求；②结构自重较大，加上抗侧刚度较大，结构自振周期较短，导致较大的地震作用。

2. 适用高度

抗震墙结构的刚度和强度都比较高，有一定的延性，结构传力直接均匀，整体性好，抗倒塌能力强。一般情况下，房屋的总高度不应超过表3－5的规定。

抗震墙结构房屋的总高度限值（m）　　　　**表3－5**

结构类型	非抗震设防	抗震设防烈度				
		6	7	8（0.20g）	8（0.30g）	9
抗震墙	150	140	120	100	80	60

3. 设计要点

（1）抗震墙结构中，抗震墙宜沿主轴方向或其他方向双向布置；抗震设计的抗震墙结构，应避免仅单向有墙的结构布置形式。抗震墙墙肢截面宜简单、规则。抗震墙结构的侧向刚度不宜过大。

（2）抗震墙的门窗洞口宜上下对齐，成列布置，形成明确的墙肢和连梁。宜避免出现墙肢刚度相差悬殊的洞口设置。

（3）抗震墙宜自下到上连续布置，避免刚度突变。

（4）高层建筑结构不应采用全部为短肢抗震墙的抗震墙结构。短肢抗震墙较多时，应布置筒体（或一般抗震墙），形成短肢抗震墙与筒体（或一般抗震墙）共同抵抗水平力的抗震墙结构。

（5）抗震墙应合理地尽可能多地布置在房屋周边，房屋的长宽比不应太大，这样可以有效地提高房屋的抗扭能力。封闭的筒形截面宜于抗扭，所以外筒式或筒中筒的筒式结构抗扭性能最好。

（6）抗震墙布置应尽量使抗侧力结构的刚度中心与水平荷载的合力作用线接近或重合，以避免房屋在侧力作用下产生扭转。

3.3.2 施工工艺

抗震墙结构主要有四种施工工艺体系：大模体系、滑模体系、大板体系及内浇外挂体系。

1. 大模体系

（1）施工技术简单，较易掌握。

（2）工艺设备简单，较易制造。

（3）施工受气候影响较大，但正常气候条件下，施工工期较短。

（4）工程造价较低。

（5）结构整体性较好，抗震性能较强。

（6）用钢量一般多于大板体系，少于滑模体系。

（7）要求建筑与结构设计标准化；要求各种构配件与大模板进行配套定型设计，利于模板充分、重复地周转使用，降低模板的摊销费用。

2. 滑模体系

（1）机械化程度较高，施工技术较复杂，施工组织较严密。

（2）需要专门成套的滑模及控制设备。

（3）要求保持连续施工，施工速度较快，不宜冬期施工。

（4）工程造价较高。

（5）结构整体性较好，抗震性能较强。

（6）钢筋用量较大，除结构配筋外，尚需额外增加施工所用支承杆（平均约4kg/m^2）的用钢量。

（7）受起重机限制少，占用施工场地小，适于高耸塔形、筒体建筑的施工。

3. 大板体系

（1）施工技术要求较严格。

（2）需要专门机械化的大板生产工厂，需要大型运输及起重设备，投资较大。

（3）现场湿作业少，施工受气候影响小，施工速度快。

（4）造价一般较大模及滑模体系高。

（5）结构整体性、抗震性能不如大模、滑模体系。

（6）用钢量少于大模、滑模体系。

（7）适于抗震设防烈度≤8 度、承重墙间距≤3.9m、层数≤7 层的居住建筑，但北京市大板体系的试点住宅已建至 16 层。

4. 内浇外挂体系

（1）施工中兼有内墙混凝土现浇和外墙预制大板吊装、连接两大工艺，较大模工艺复杂。

（2）兼需两大工艺的设备。

（3）工期与大模大体相当。

（4）工程造价较大模稍高，较滑模稍低。

（5）鱼骨式的内浇外挂体系（只有一道内纵墙）抗震性能较弱。

（6）用钢量较大模及滑模省。

（7）鱼骨式的内浇外挂体系一般适于 6 ~7 度抗震设防的抗震墙住宅，且层数不宜太高。若对现浇内墙与预制外墙板接缝间采取混凝土浇灌等构造连接措施，抗震性能则可有所改善。

上述四种主要的施工工艺体系，大模体系施工工艺及机械设备均较简单，又有较好的技术经济指标，比较适合我国国情。据统计，北京、上海、天津的高层抗震墙结构施工中（特别在住宅工程中），大模体系已经占据主导地位。

3.4 钢筋混凝土框架 - 抗震墙结构[51]

3.4.1 建筑结构

虽然框架结构可以提供较大的建筑空间，布置灵活，但其抗震性能较差，尤其在抗震地区建造高度受到限制；抗震墙结构抗震性能强，但建筑空间布局由于抗震墙间距不宜过大而受到限制。框架 - 抗震墙结构将这两种结构取长补短，既能提供较大较灵活的建筑空间，又具有良好的抗震性能。事实上，绝大多数的高层公共建筑都是框架 - 抗震墙结构（图 3 -4）。

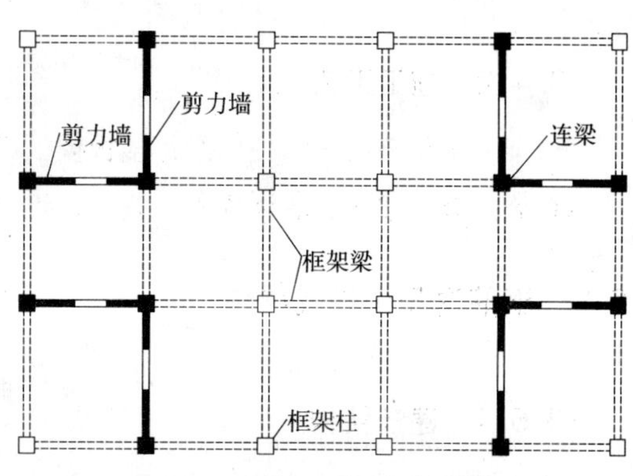

图 3 -4 钢筋混凝土框架 - 抗震墙结构

1. 结构特点

框架－抗震墙结构，就是在框架体系的房屋中设置一些抗震墙来代替部分框架。在整个体系中，抗震墙承担绝大部分的水平荷载，而框架则以承担竖向荷载为主。

2. 适用高度

一般情况下，房屋的总高度不应超过表3－6的规定。

框架－抗震墙结构房屋的总高度限值（m） 表3－6

结构类型	非抗震设防	抗震设防烈度				
		6	7	8（0.20g）	8（0.30g）	9
框架－抗震墙	140	130	120	100	80	50

3. 设计要点

（1）框架－抗震墙结构可采用下列形式：①框架与抗震墙（单片墙、联肢墙或较小井筒）分开布置；②在框架结构的若干跨内嵌入抗震墙（带边框抗震墙）；③在单片抗侧力结构内连续分别布置框架和抗震墙；④上述两种或三种形式的混合。

（2）框架－抗震墙结构应设计成双向抗侧力体系。抗震设计时，结构两主轴方向均应布置抗震墙。

（3）梁与柱或柱与抗震墙的中线宜重合。

（4）框架－抗震墙结构中抗震墙的布置宜符合下列要求：①抗震墙宜均匀布置在建筑物的周边附近、楼梯间、电梯间、平面形状变化及恒载较大的部位，抗震墙间距不宜过大；②平面形状凹凸较大时，宜在凸出部分的端部附近布置抗震墙；③纵、横抗震墙宜组成L形、T形和匚形等形式；④抗震墙宜贯通建筑物的全高，避免刚度突变；抗震墙开洞时，洞口宜上下对齐；⑤楼、电梯间等竖井宜尽量与靠近的抗侧力结构结合布置；⑥长矩形平面或平面某部分较长的建筑中，其纵向抗震墙不宜集中布置在房屋的两尽端。

3.4.2 施工工艺

框架－抗震墙结构的柱、梁、楼板模板工程，与框架结构相同，可参见框架结构工艺体系施工有关部分。墙体模板一般采用组合式模板散支散拆或预组拼装两种方法。

3.5 钢筋混凝土筒式结构[51]

3.5.1 建筑结构

在高层建筑的核心部位，由于人流、货流及管道、线路集中，建筑师常设置电梯、楼梯、竖向管线井及服务井，这些本来就需要设置围护的井为设置竖向抗侧力构件创造了条件。筒式结构的空间结构体系刚度极大，抗扭性能也好，又因为抗震墙的集中设置而不妨碍房屋的使用空间，使建筑平面设计获得良好的灵活性，结构体系具有更经济合理的技术经济指标，所以它最适用于各种高层、超高层公共建筑和商业建筑。

1. 结构特点

钢筋混凝土筒式结构是由框架－抗震墙结构与全抗震墙结构演变发展出来的。它将抗震墙集中到房屋的内部或外部形成封闭的筒体。筒式结构体系中，常常利用房屋中的电梯井、楼梯间、管道井以及服务间等作为核心筒体，利用四周外墙作为外筒体，外筒由密排的窗框柱与窗间墙梁组成一个多孔的墙体。根据外围结构的不同，筒式结构分为由抗震墙构成的薄壁筒和由密排深裙梁组成的框筒。

根据筒体组合不同，又可分为框架－核心筒（单筒）、筒中筒（二重筒）、多重筒、群筒（多筒）及组合筒（成束筒）等（图3－5）。核心筒与外筒都属单筒体系，单筒常与框架结合在一起形成框筒。由于框架筒具有必要的侧向刚度与最佳的抗扭刚度，而且它又保留了允许设置单内柱的设计灵活性，所以应用较广。框筒外围密集的网格可以作为窗墙系统以代替支承玻璃窗的窗梆，经济效益显著。这也成为近年来一些建筑物中取消了具有金属窗梆的传统窗墙而选择这种结构体系的理由。

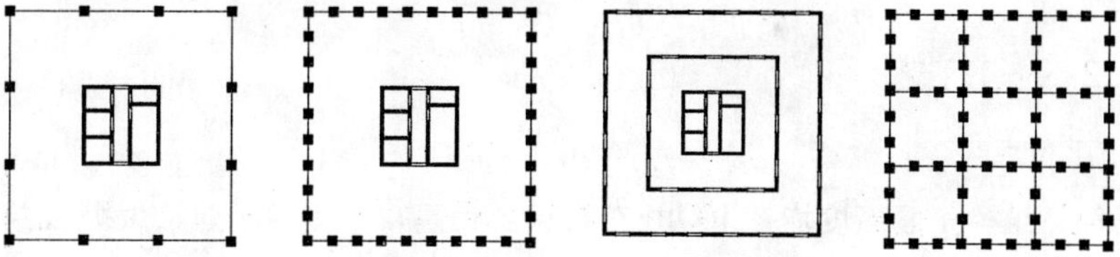

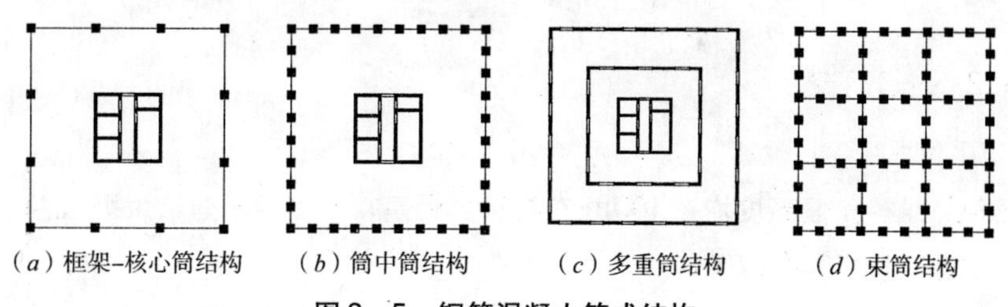

（*a*）框架–核心筒结构　（*b*）筒中筒结构　（*c*）多重筒结构　（*d*）束筒结构

图3－5　钢筋混凝土筒式结构

2. 适用高度

一般情况下，房屋的总高度不应超过表3－7的规定。

筒体结构房屋的总高度限值（m）　　表3－7

结构类型	非抗震设防	抗震设防烈度				
		6	7	8（0.20g）	8（0.30g）	9
框架－核心筒	160	150	130	100	90	70
筒中筒	200	180	150	120	100	80

3. 设计要点

（1）筒中筒结构的高度不宜低于60m，高宽比不应小于3。

(2) 核心筒或内筒的外墙与外框柱间的中距，非抗震设计时不宜大于12m，抗震设计时不宜大于10m，否则宜采取另设内柱等措施。

(3) 核心筒或内筒的外墙不宜在水平方向连续开洞，洞间墙肢的截面高度不宜小于1.2m。

(4) 框架－核心筒结构的核心筒宜贯通建筑物全高，宽度不宜小于筒体总高的1/12，角部附近不宜开洞。

(5) 框架－核心筒结构的周边柱间必须设置框架梁。

(6) 筒中筒结构的平面外形宜选用圆形、正多边形、椭圆形或矩形等，内筒宜居中；矩形平面的长宽比不宜大于2。

(7) 筒中筒结构的内筒宜贯通建筑物全高，竖向刚度宜均匀变化，边长可为高度的1/12～1/15。

(8) 筒中筒结构的外框筒应符合下列规定：

①柱距不宜大于4m，框筒柱的截面长边应沿筒壁方向布置，必要时可采用T形截面；

②洞口面积不宜大于墙面面积的60%，洞口高宽比宜与层高与柱距之比值相近；

③外框筒梁的截面高度可取柱净距的1/4；

④角柱截面面积可取中柱的1～2倍。

3.5.2 施工工艺

1. 施工特点

由于筒体结构一般高度均在100m左右甚至更高，且多用于建造大型公共建筑和旅游建筑，因此其施工具有以下特点。

(1) 建造层数多，且标准层一般约占70%～80%，这样有利于材料、机具、人力的准备和管理。

(2) 现浇钢筋混凝土量大，模板技术复杂，因此在施工中必须认真考虑，采用装拆简便、多次重复使用的工业化模板，以节约费用。

(3) 垂直运输量大，必须结合工程具体情况，全面分析，以择优选用吊装和垂直运输施工机械。

(4) 施工工期长，故不可避免地要进行季节性（雨季、冬期等）施工。

2. 施工方案的选择

根据筒体结构施工的特点，在选择施工方案时，除必须全面考虑、综合分析外，应对模板技术和垂直运输问题作重点分析比较，择优选用。

我国常用的施工方法，参见表3－8。

我国常用的施工方法　　表3-8

方案		内容	特点
1	模板技术	梁、柱、墙采用组合钢模板； 楼盖采用永久性模板	均为常用机具和设备，容易解决； 可以减少楼盖支拆模板工作量； 垂直运输设备需用量大； 耗工料较多，施工速度较慢
	垂直运输	塔式起重机作材料运输； 施工外用电梯作人和工具运输	
2	模板技术	筒体采用滑模施工； 梁、柱、楼板采用组合钢模板	施工准备工作量大，专业化施工程度较高； 施工速度较快，用工用料较少； 能适用平面造型复杂的筒体施工
	垂直运输	塔式起重机作材料运输； 施工外用电梯作人和工具运输	
3	模板技术	筒体采用爬模施工； 楼盖采用飞模施工； 梁、柱采用组合钢模板	施工准备工作量大，技术要求较高； 工业化施工程度较高，施工速度较快，用工用料较少； 要求施工管理水平较高
	垂直运输	塔式起重机作材料运输； 施工外用电梯作人和工具运输	
4	模板技术	筒体采用大模板； 梁、柱、板采用组合钢模板； 预拼装或楼盖采用永久性模板	施工准备工作量大； 机械设备种类较多，专业化施工程度较高； 机械化施工程度较高，施工速度快，用工用料较少； 要求施工管理水平较高
	垂直运输	混凝土采用泵送； 钢筋、模板采用塔式起重机吊运； 人和工具设外用电梯运输	

3.6 混凝土异形柱结构

3.6.1 建筑结构

1. 结构特点

钢筋混凝土异形柱结构体系（以下简称“异形柱结构”）是采用轻质填充墙体的现浇钢筋混凝土异形柱框架及框架-抗震墙结构体系，其柱截面形式为L形、T形和十字形（图3-6）。与传统结构体系相比，异形柱结构具有以下优点。

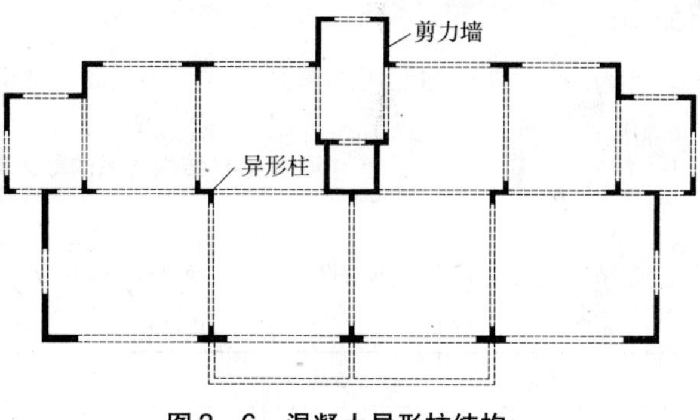

图3-6　混凝土异形柱结构

（1）肢厚基本上与填充墙等厚，室内不出现柱楞，便于家具布置和室内装饰，同时增加了使用面积。

（2）墙体采用轻质、保温、隔热材料，符合墙体改革方向。

（3）增加了使用面积，减轻了自重，降低了基础费用，总体经济效益较好。

2. 适用高度和层数

异形柱结构适用的房屋最大高度，不应超过表3－9的规定[37]。

异形柱结构适用的房屋最大高度（m） **表3－9**

结构体系	非抗震设计	抗震设计			
		6度	7度		8度
		0.05g	0.10g	0.15g	0.20g
框架结构	24	24	21	18	12
框架－抗震墙结构	45	45	40	35	28

注：1. 房屋高度指室外地面至主要屋面板板顶的高度（不包括局部突出屋顶部分）。
2. 框架－抗震墙结构在基本震型地震作用下，当框架部分承受的地震倾覆力矩大于结构总地震倾覆力矩的50%时，其适用的房屋最大高度可比框架结构适当增加。
3. 平面和竖向均不规则的异形柱结构或Ⅳ类场地上的异形柱结构，适应的房屋最大高度应适当降低。
4. 底部抽柱带转换层的异形柱结构适用的房屋最大高度，应按表内规定的限值降低不少于10%，且框架结构不应超过6层。框架－抗震墙结构，非抗震设计不应超过12层，抗震设计不应超过10层。
5. 房屋高度超过表内规定的数值时，结构设计应有可靠依据，并采取有效的加强措施。

3. 设计要点

（1）建筑的平面和立面设计，宜采用规则的建筑设计方案，应避免采用严重不规则的设计方案。

（2）建筑的平面外形宜简单、规则、对称，尽量采用地震时扭转小的平面形状。

（3）建筑的立面形状力求规则，沿高度方向各层大体有相同的平面形状。

（4）异形柱结构可建造在6度、7度、8度抗震设防地区；异形柱肢厚宜与填充墙等厚，柱网尺寸不应大于7.2米；宜采用轻质填充墙体，其墙体材料的自重不宜大于$10kN/m^3$。

（5）异形柱结构适用的最大高宽比不宜超过表3－10的限值。[37]

异形柱结构适用的最大高宽比 **表3－10**

结构体系	非抗震设计	抗震设计			
		6度	7度		8度
		0.05g	0.10g	0.15g	0.20g
框架结构	2.5	4	3.5	3	2.5
框架－抗震墙结构	5	5	4.5	4	3.5

3.6.2 建筑设备

异形柱肢体及节点核心区内不得预留或埋设水、电、煤气管道和线缆，安装水、电、煤气管道和线缆时，不应削弱柱体。

竖向管线应集中布置，设置专用管道井或管道墙。电器线路宜将强、弱竖井分开布置，管道井及电气竖井宜采用专用综合布线，尽可能与隔墙结构系统结合。

3.6.3 施工工艺

异形柱框轻住宅体系的施工可选用工具式组合模板，应按照有关规程对模板系统进行强度、刚度和稳定性验算，并根据构件尺寸进行模板规格组合设计。

异形柱混凝土的粗骨料宜采用碎石，其最大粒径不宜大于31.5mm，并应符合现行行业标准《普通混凝土用砂、石质量及检验方法标准》（JGJ 52）的有关规定。

每楼层异形柱混凝土应连续浇注、分层振捣，且不得在柱身留置施工缝。框架节点核心区的混凝土应采用相交构件混凝土强度等级的最高值，并应振捣密实。

3.6.4 使用与维护

异形柱结构的使用与维护应注意使用荷载不应超载。同时，由于梁、柱截面尺寸较小，改造及设备安装时应注意避开这些构件。

3.7 高层建筑钢结构体系

3.7.1 建筑结构

1. 结构特点

钢结构轻质、高强，有优异的结构性能和良好的环境效益，世界范围的高层建筑中特别是超高层建筑中，大多采用钢结构（图3－7）。据统计，1991年前建成的全世界最高的100幢建筑中，采用全钢结构的为58幢，采用钢－混凝土混合结构或型钢混凝土结构的为28幢，采用钢筋混凝土结构的仅为14幢。

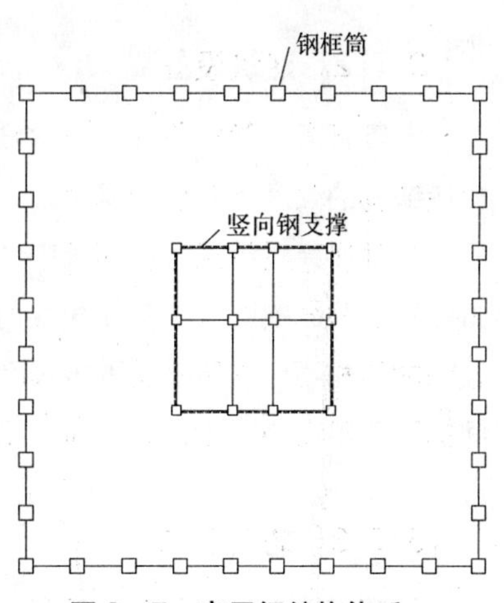

图3－7 高层钢结构体系

从用钢量、面积利用系数、基础费用、工期等多方面的综合经济效益来看，在高层建筑中，钢结构与钢筋混凝土结构的差距正在缩小，而环境效益日益显露。

2. 适用高度

一般情况下，房屋的总高度不应超过表3－11的规定。

钢结构房屋使用的最大高度（m）　　表3-11

结构类型	非抗震设防	抗震设防烈度					
		6度	7度		8度		9度
		0.05g	0.10g	0.15g	0.20g	0.30g	0.40g
框架	110	110	110	90	90	70	50
框架-中心支撑	260	220	220	200	180		120
框架-偏心支撑（延性墙板）	260	240	240	220	200		160
各类筒体	360	300	300	280	260	240	180

注：1. 房屋高度指室外地面至主要屋面板板顶的高度（不包括局部突出屋顶部分）。
2. 超过表内高度的房屋，应进行专门研究和论证，采取有效的加强措施。
3. 表内的筒体不包括混凝土筒。

3. 设计要点

（1）建筑平面宜简单规则，并使结构各层的抗侧力刚度中心与水平作用合力中心接近，同时各层接近在同一竖直线上；建筑的开间、进深宜统一。

（2）高层建筑宜选用风压较小的平面形状，并应考虑邻近高层建筑物对该建筑物风压的影响。在体形上应避免在设计风速范围内出现横向振动。

（3）高层建筑钢结构不宜设置防震缝和伸缩缝。

（4）抗震设防的高层建筑钢结构，宜采用竖向规则的结构。

（5）楼板宜采用压型钢板现浇钢筋混凝土结构，不宜采用预制钢筋混凝土楼板。

3.7.2 建筑设备

设备管道、管线不宜穿过钢框架梁、柱，大的管道、管线不应穿过框架梁、柱，以免使结构的强度、刚度削弱过大。

当管道穿过钢梁时，腹板中的孔洞应予以补强。补强时，弯矩可仅由翼缘承担，剪力由孔洞截面的腹板和补强板共同承担。不应在距梁端相当于梁高的范围内设孔，抗震设防的结构不应在隅撑范围内设孔。孔洞直径不得大于梁高的1/2。相邻圆形孔洞边缘间的距离不得小于梁高，孔洞边缘至梁翼缘外皮的距离不得小于梁高的1/4。

3.7.3 施工工艺

结合高层钢结构的工艺流程：构件验收→吊装→测量控制→高强螺栓→焊接及其检测→压型钢板与熔焊栓钉。高层钢结构安装施工技术主要体现在以下五个方面[34]。

1. 构件进场、验收与堆放

场地狭小、施工条件差是当前施工工程普遍存在的困难，对高层钢结构工程而言，相对紧张的工期内构件堆场要求更高更严，这个问题不处理好必将对吊装及整个工程施工造成严重影响。应强化现场管理及构件进场计划，合理进行堆场布置，安排好构件的堆放顺序等工作。除根据吊装需要周密地安排构件进场外，还应根据吊装顺序和堆场规划特点将进场构件进行有序排列，保证验收工作的正常进行，也为吊装创造良好的外部条件。

高层钢结构钢构件数量多，制造及运输过程中难免会出现这样或那样的问题，这些问题如不在地面加以消除，吊装到上面势必增加安装的难度，对整个工程质量控制也将产生严重影响。

2. 塔吊的选择、布置及装拆

塔吊是高层钢结构工程施工的核心设备，其选择与布置要根据建筑物的布置、现场条件及钢结构的重量等因素综合考虑，并保证装拆的安全、方便、可靠，满足所有构件的垂直运输。

3. 吊装

吊装是钢结构施工的龙头工序，吊装的速度与质量对整个工程起举足轻重的作用。在高层钢结构施工中，可以通过采取“区域吊装”及“一机多吊”技术解决工期紧与工程量大的矛盾。

4. 测量控制

在高层钢结构施工中，垂直度、轴线和标高的偏差是衡量工程质量的重要指标，测量作为工程质量的控制阶段，必须为施工检查提供依据。

从钢结构施工流程可以看出，各工序间既相互联系又相互制约，选择何种测量控制方法直接影响到工程的进度与测量。“整体校正”的方法，即在柱子安装后再跟踪纠偏，梁装不上去时临时挂或搭在上面，待整节柱、梁、斜撑全部安装后再整体校正；由于构件制作及核心施工都存在着一定的误差，采用这种校正方法具有很大的盲目性，不仅造成大量的二次安装，而且构件安装后结构本身已具有一定的刚度，大大增加了校正的难度。“跟踪校正”的方法，即在柱梁框架形成前将柱子初步校正并及时纠偏，可大大减轻校正难度，缩短校正时间，实现区域施工各工序间良性循环的目标。

5. 连接

钢构件的连接有焊接和螺栓连接两种方式。

高层钢结构具有工期紧、结构复杂、工程量大、质量要求高的特点，而焊接作为钢结构施工的重要工序，其工序的选择与施焊水平对工程的“安全、优质、高速”的完成影响重大。

工厂焊接易于采用自动化操作，焊接质量有保障，可以得到较为美观和简洁的结构外形，造价也较低；现场焊接一般需人工施焊，劳动强度大，对疲劳和脆断较为敏感，施工质量较难控制。因此应尽量采用合理的接头形式和构造措施。

高层钢结构中有大量的立焊缝、斜立焊缝，此类结构不仅处于结构的重要部位，而且大都处于外向、斜向及悬空部位，安全操作与施工防护都比较困难，此时可以采取新工艺解决焊接施工的需要。为使焊接环境处于相对稳定的状态，应加强施工防护措施和辅助措施，加强对焊缝的质量检查。

螺栓连接是钢结构建筑中另一种主要的连接方式，分为普通螺栓连接和高强度螺栓连接两种形式，其中高强螺栓越来越成为主要的连接方式。随着高强螺栓连接和焊接连接的大量采用，对被连接件的要求愈来愈严格，如构件位移水平度、垂直度、磨平顶紧的密贴程度、板叠摩擦面的处理、连接间隙、孔的同心度、未焊表面处理等。为了构件的临时连接，结构安装中还要经常使用临时螺栓。临时螺栓应有足够承受构件自重和抵抗校正时来自外力的作用。

焊接和高强度螺栓并用的连接，当设计无特殊要求时，应按先栓后焊的顺序施工。

3.7.4 使用与维护

1. 保证其防火性能

钢结构构件防火性能差，当发生火灾时，温度达到500℃以上时，钢结构很快就软化倒塌，因此对防火等级要求高的车间（如油漆车间、易燃材料仓库等）、高层钢结构、空间大跨度钢结构、钢结构住宅等必须采取防火措施，如喷涂防火涂料，采用水喷淋系统等。

2. 做好防腐防锈

钢结构易于锈蚀，尤其在潮湿环境中或有腐蚀性介质环境中更为严重，因此对钢结构应采用涂防锈漆等措施，并根据具体情况经常维修和保养，这样就使钢结构建筑保养费用较高。钢柱柱脚在地面以下部分应采用强度等级不低于C20的混凝土包裹，其保护层厚度不应小于50mm。有侵蚀介质厂房的受力构件，其型钢厚度不得小于8mm，受力焊缝厚度不宜小于8mm。

3. 钢结构隔热措施

钢材受热在100℃以上时，随着温度的升高，钢材的抗拉强度降低，塑性增大；温度在250℃左右时，钢材抗拉强度略有提高，而塑性却降低，出现蓝脆现象；当温度超过250℃～350℃时，钢材出现徐变现象；当温度达500℃时，钢材强度降至很低，以致钢结构塌落。因此当钢结构表面温度处于150℃以上时，必须采取隔热防护措施。

3.8 高层建筑钢－混凝土混合结构体系

3.8.1 建筑结构

钢－混凝土混合结构是指由钢框架、钢支撑框架、混合框架，或钢框筒、混合框筒与钢筋（或钢骨）混凝土核心筒（或抗震墙）组成的结构，可分为双重抗侧力体系和

非双重抗侧力体系。(图3－8)

1. 结构特点

高层建筑中采用的钢－混凝土混合结构，受力特点兼有钢和混凝土两类结构的优点，具有全钢结构的自重轻、施工速度快的特点，而在造价方面又低于全钢结构。这是混合结构优于混凝土结构的重要方面，也就是说，混合结构单就经济效益而言，它是一种优化的结构类型。建筑界也正是着眼于此，使混合结构成为当今高楼建设中的主导结构类型。

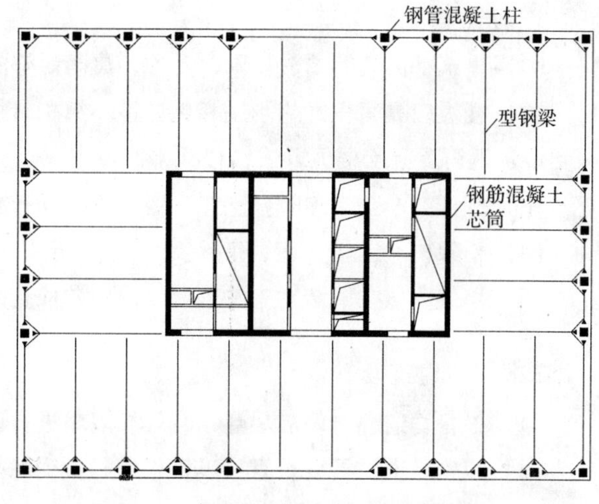

图3－8　高层钢－混凝土混合结构体系

2. 适用高度

一般情况下，房屋的总高度不应超过表3－12的规定。

混合结构房屋的总高度限值（m）　　表3－12

结构类型			非抗震设防	抗震设防烈度			
				6	7	8	9
混合框架结构	钢梁－钢骨（钢管）混凝土柱 钢骨混凝土梁－钢骨混凝土柱		60	55	45	35	25
	钢梁－钢筋混凝土柱		50	50	40	30	—
双重抗侧力体系	钢框架－钢筋混凝土剪力墙 钢框架－钢骨混凝土剪力墙		160 180	150 170	130 150	110 120	50 50
	混合框架－钢筋混凝土剪力墙 混合框架－钢骨混凝土剪力墙		180 200	170 190	150 160	120 130	50 60
	钢框架－钢筋混凝土核心筒 钢框架－钢骨混凝土核心筒		210 230	200 220	160 180	120 130	70 70
	混合框架－钢筋混凝土核心筒 混合框架－钢骨混凝土核心筒		240 260	220 240	190 210	150 160	70 80
	筒中筒	钢框筒－钢筋混凝土内筒 混合框筒－钢筋混凝土内筒	280	260	210	160	80
		钢框筒－钢骨混凝土内筒 混合框筒－钢骨混凝土内筒	300	280	230	170	90
非双重抗侧力体系	钢框架－钢筋（钢骨）混凝土核心筒 混合框架－钢筋（钢骨）混凝土核心筒		160	120	100	—	—

注：此表来源于《高层建筑钢－混凝土混合结构设计规程》（CECS 230：2008）。

3. 设计要点

（1）建筑平面宜简单、规则、对称，具有足够的抗扭刚度。

（2）楼板应具有良好的刚度和整体性。结构转换层楼板及开有较大洞口的楼板，应采用现浇钢筋混凝土楼板，或在楼板平面设支撑。

（3）钢框架设置支撑时，支撑在竖向宜连续布置，且宜延伸至基础。

（4）框架柱沿竖向宜连续布置。

（5）框架－核心筒结构中的核心筒沿竖向应连续布置。

3.8.2 建筑设备

（1）设备管道、洞口应尽量结合轻质隔墙进行设置，不宜设置在结构构件上。

（2）设备管道、管线不宜穿越钢构件和型钢混凝土构件，大的管道、管线不应穿越钢构件和型钢混凝土构件。

（3）设备管道、管线不应穿越钢管混凝土构件，电线盒不应设置于钢管混凝土构件上。

（4）混凝土构件上设置洞口、穿越管线时，应参照混凝土结构的相关规定进行验算补强。

3.8.3 施工工艺

当钢筋混凝土筒体先于钢框架施工时，应考虑施工阶段钢筋混凝土筒体在风力及其他荷载作用下的不利受力状态。

对型钢混凝土构件，应验算在浇灌其外包混凝土之前型钢骨架在风及施工荷载作用下的承载力、位移及稳定性，并据此确定钢框架安装与浇筑混凝土楼层的间隔层数。型钢混凝土的施工包括钢骨架的施工和其外包钢筋混凝土的施工，需要不同的专业施工队伍交叉配合，且钢筋混凝土部分的一些钢筋需要从钢骨构件上穿过，钢筋对孔需要准确无误，加大了施工难度，型钢混凝土的某些部分容易浇捣不实，需采取措施仔细振捣，也加大了施工难度。所以型钢混凝土的施工比钢筋混凝土困难，也限制了型钢混凝土的应用。

3.8.4 使用与维护

高层建筑钢－混凝土结构体系中钢构件的维护与高层建筑钢结构相同，需要防火与防腐；混凝土构件及型钢混凝土构件不需特别的维护。

4 隔震技术

地震是人类社会面临的最严重的自然灾害之一。地震对社会造成生命、财产损失的主要途径就是建筑物的破坏、倒塌，由于绝大多数灾难性地震都是在人们毫无戒备的情况下发生的，因此很多人在没来得及逃离建筑物之前就遭受了灭顶之灾。

1994 年美国 Northridge 地震及 1995 年日本阪神大地震以后，隔震建筑得到了迅速发展。隔震建筑的数量在日本已经超过 1200 栋，在中国也超过了 400 栋。

传统的房屋在地震发生时易倒塌的原因，在于房屋的上部结构和基础牢牢地连在一起。地震时，地面运动的能量经过基础无障碍地传输到上部房屋结构，使房屋发生震动和变形。当结构变形过大，达到某个极限时，房屋便发生破坏甚至倒塌。

通过在房屋基底设置隔震装置，可延长结构自振周期，避开地震动卓越频率，增加阻尼耗能，从而减小上部结构的地震响应，达到保护建筑物的目的。

建筑隔震技术已经经历了实际地震的考验。实践证明，隔震房屋对减轻多层房屋水平地震灾害是非常有效的，特别适合幼儿园、小学、老人公寓、医院等地震时人员不易疏散的建筑，还有首脑机关、指挥部门、警察、消防、通讯、电力等地震时需不中断工作的建筑，还适用于金融、保险以及存放贵重物品、有毒物品的建筑以及普通民用住宅。

4.1 建筑结构

4.1.1 结构特点

建筑物中设置隔震层后可以延长整个结构体系的自振周期，增大阻尼，减少输入上部结构的地震能量，达到预期的防震要求。地震时，隔震层产生较大变形，通过阻尼装置等有效地吸收地震能量。隔震结构地震反应与传统抗震结构的比值为 10% ~50%（保持弹性）。传统抗震结构的房屋地震时激烈晃动，房屋加速度放大 100% ~250%，梁柱开裂，内部装饰、设备被破坏。隔震房屋地震时，缓慢平动（长周期），房屋加速度减少 100% ~40%，结构保持弹性（变形集中在柔软支座），保护结构和内部装饰及设备（图 3 –9）。

隔震技术适应范围广，既可以用于新建房屋，也可用于已有房屋结构的改造和加固；

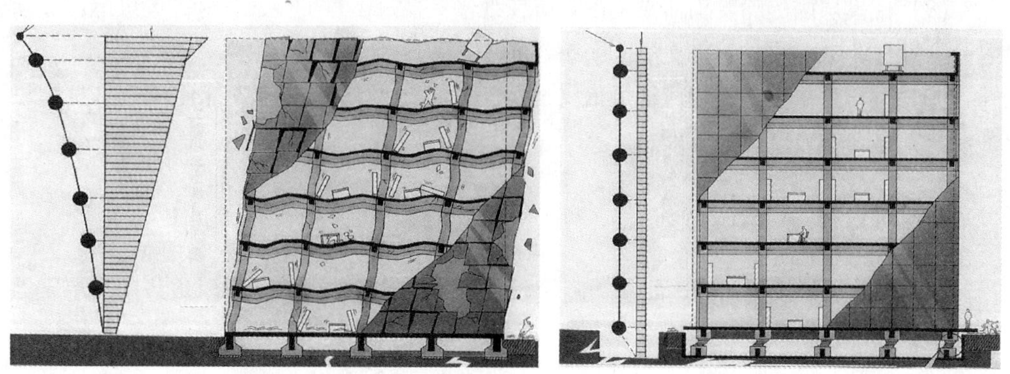

(a) 传统抗震建筑　　(b) 隔震建筑

图 3 –9　传统建筑与隔震建筑地震变形对比

（来自周福霖讲座《隔震与减震技术》ppt 文件）

既可用于一般建筑结构，又可用于重要结构；既可保证结构在地震作用下不损坏，又可减小设备、仪器的振动。

4.1.2 设计要点

地震时，采用隔震结构的建筑物会产生40cm左右的较大变形，发生在隔震层的上下楼层，因此设计时应采取相应的对策来适应这个变形。

（1）下部结构与一般抗震结构设计采用相同的处理手法和设计。

（2）与上部结构相邻的地表部分和上部结构之间会产生40cm左右的相对位移，为避免人员等靠近，其周围应设植物等阻挡物。另外，周边应留有一定的空地，以防大震时上部结构超越建筑红线。

（3）邻楼空间是指相邻建筑物之间人的活动空间，由于隔震建筑位移大，应采取相应措施来适应这种位移。

（4）门厅、出入口、车道、楼梯、电梯、自动扶梯、设备竖井、停车设施等建筑要素都要求能适应地震时上部结构所产生的大的位移（隔震层的层间变形）。

（5）建筑物的周围应留有一定的空间，避免建筑物与边界围墙接触、碰撞。特别要注意上部结构物或墙外狭道与围墙之间的距离不应过大，避免人们钻入，当需要进入时，要有安全措施。在建筑物的长期使用中，整个可移动范围内不得堆放任何障碍物，设置门墙或指示标志以免人、车轻易出入。在出入口，要注意不能因为建筑物的移动而使人受到伤害。

（6）确保隔震层地面没有凹凸，梁下空间不小于1.2m，以利于建筑空间、路线的检查和照明等日常维护的要求。

（7）隔震层以上的可动部分与隔震层地面之间需要结构性的绝缘。在用于检查的楼梯入口处划定防火区，还要设隔震层检查入口等标识。

（8）隔震层内的隔震构件或设备管道在维修更换时因有机械、管材等运进运出，所以需设置升降口、采光井等较大的通道空间。

（9）隔震层中由橡胶和薄钢板相间层叠组成的橡胶隔震支座应符合《建筑抗震设计规范》（GB 50011）的要求。

4.2 建筑设备

穿过隔震层的设备配管、配线，应采用柔性连接或其他有效措施以适应隔震层罕遇的地震水平位移。

4.3 施工工艺

设计文件上应注明对隔震部件性能的要求，安装前应对工程中所用的各种类型和规格的原型部件进行抽样检测，每种类型和每一规格的数量不应少于3个，抽样检测的合格率应为100%。

4.4 使用与维护

隔震结构的维护管理，主要在于有效发挥隔震功能，理解和实施有关的办法和措施。最重要的是在长期使用过程中，能在建筑物的周围始终保有足够的空间和必要的设施，以确保大震时建筑物的上部结构能前后、左右安全、自由地晃动。

隔震结构应建立完善的维护管理体制，在使用过程中应由建筑管理人员进行正常检查，观察建筑物的使用情况及隔震构件的变化情况，及时发现异常情况，防止危险；由具有相关知识的技术人员进行定期检查，发现正常检查所不能确定的异常和故障，确认隔震减震设施的耐久性；由具有专业知识的技术人员在发生大的地震、火灾、水淹之后立即进行临时检查，确认对隔震减震部件有无影响。另外，在日常检查发现故障和异常时也要进行临时检查。维护管理项目见表3－13。

维护管理项目 表3－13

部位	必要的性能	管理项目	管理方法
隔震构件	能安全支承建筑物 隔震性能	外观检查 徐变 位移 刚性 变形能力 衰减能力	有无损伤 测定竖向位移 测定水平位移 外观检查 测试备用件
隔震层建筑外沿	不妨碍建筑水平位移	间隙 有无障碍物	测定间隙大小 目测查找障碍物
设备管线可挠部位	具有适应位移的能力	形状 有无损伤	目测检查 有无漏水等

由于建筑物的业主、管理人及使用者在若干年后有可能变更，有必要在建筑物的显著位置标明该建筑是隔震建筑。

设置隔震部件的部位，除按计算确定外，应采取便于检查和替换的措施。

5 新型结构体系

5.1 CL（Composite Light-weight）复合混凝土抗震墙结构体系

5.1.1 体系概述

CL（Composite Light-weight）复合混凝土抗震墙结构体系（以下简称“CL结构体

系”）是由CL结构墙体、装配整体式或现浇楼（屋）盖以及后浇边缘构件连接而成的装配整体或整体现浇空间结构，是一种混凝土复合轻质抗震墙结构体系，墙体是一种混凝土复合夹心保温墙体（图3－10）。其核心构件CL墙体是由CL网架板（一种钢筋焊接网架保温夹芯板）两侧浇筑混凝土后形成的一种兼承重、保温、隔声于一体的墙体。该墙体主要用于建筑物的外墙、楼（电）梯间墙、分户墙等有保温及隔声要求的部位。墙体中的CL网架板钢筋均为墙体受力钢筋，钢筋的直径、间距及组合规格根据承载要求确定，保温芯板的材质及厚度则根据当地节能标准采用。CL网架板是在生产车间由生产线根据图纸设计要求定制加工，作为墙体受力钢筋、保温层于一体的部品直接提供给施工现场（图3－11[53]，图3－12）。

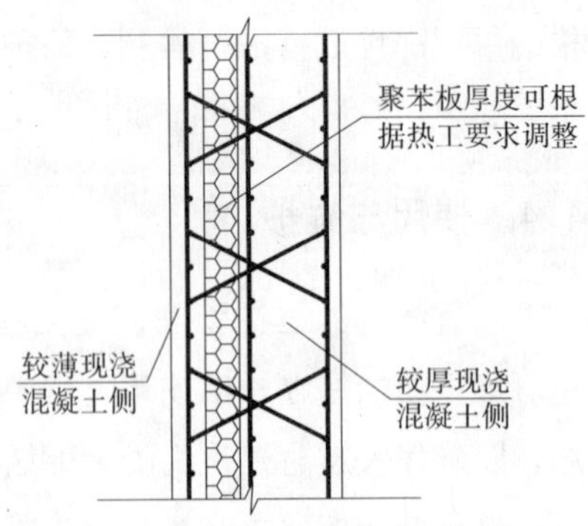

图3－10　CL墙体构造详图

图3－11　CL网架板

图3－12　某示范工程

CL结构体系可用于28m以下、8度和8度以下抗震设防地区的居住建筑和纵横墙较多的公共建筑。已颁发和正在编制的地方性标准及图集的省市有：河北、天津、山东、内蒙古、浙江、四川、新疆、辽宁、山西、河南、黑龙江等地。

5.1.2 建筑结构

(1) 建筑设计应符合建筑抗震概念设计的要求：建筑的平面和立面设计宜采用规则的建筑设计方案，应避免采用严重不规则的设计方案。建筑的平面外形宜简单、规则、对称，尽量采用地震时扭转小的平面形状。建筑的立面形状力求规则，沿高度方向各层大体有相同的平面形状。

(2) 复合墙板用于外墙、分户墙、楼（电）梯间墙等对保温隔热、隔声有一定要求的墙体。其他室内竖向承载可根据梁板布置情况设置普通钢筋混凝土小墙肢❶、短肢抗震墙❷。

(3) 地下室（±0.000以下）与上部CL复合抗震墙及普通混凝土抗震墙相对应位置均应设置实体混凝土抗震墙，墙厚不应小于上部墙厚。

(4) CL结构体系宜采用全部落地的CL结构墙体承重，抗震墙间距不应大于12m；在该间距内部可采用L型、T型小墙肢和短肢抗震墙承重。必要时可采用部分框支抗震墙结构，框支层不应超过二层。

(5) CL结构房屋高宽比不宜超过表3－14要求

房屋高宽比限值 **表3－14**

抗震设防烈度	6度	7度	8度
高宽比	4	4	3

(6) 建筑设备安装布置设计应考虑结构布置的特点，并考虑使用期间的维修更换等问题。

(7) 竖向管线应集中布置，设置专用管道井或管道墙。电器线路宜将强、弱竖井分开布置，管道井及电气竖井宜采用专用综合布线，尽可能与隔墙结构系统结合。

(8) 水平管线宜设置在楼板垫层内。应做到“户内管线，本户内布置；公共管线，公共部位布置”。并尽量做到管线隐蔽安装，便于维护。

5.1.3 施工工艺

CL结构体系施工与普通抗震墙结构施工基本相同，其不同之处在于CL复合抗震墙的施工工艺。该墙体施工是将CL网架板安装就位后支设模板，然后将两侧混凝土与边

---

❶ 小墙肢是指墙肢截面高度与厚度之比为3～5的抗震墙。

❷ 短肢抗震墙是指墙肢截面高度与厚度之比为5～8的抗震墙。

缘构件等同时浇筑完毕。两侧现浇工艺的技术关键，是如何保证两侧混凝土浇筑质量；而保证两侧混凝土浇筑质量的关键，又是保证保温板不发生位移。经过多个工程的总结和完善，安装垫块和控制两侧混凝土浇筑量是最有效的手段。

CL复合抗震墙中，因钢筋密集，混凝土截面很小，不便采用普通混凝土进行浇筑，也无法采用振捣器进行插入式振捣，因此，应采用符合设计强度等级的自密实高性能混凝土进行浇筑。该自密实混凝土应达到坍落度（15s）260～280mm、扩展度（15s）600～750mm的工作性能指标，且和易性良好，无目视泌水、离析现象。粗骨料最大粒径不应大于10mm。

CL复合抗震墙中的自密实混凝土浇筑时，应两边同时进行，不能侧重于一边，以防止CL网架板中的保温板因两侧混凝土高差产生的侧压力，而导致偏移或变形。自密实混凝土适合于泵送，用吊斗浇筑时应使出料口和模板入口距离尽量小，必要时可加串筒或溜槽，以免产生离析。浇筑时，应及时观测两侧混凝土面高差，并应控制在400mm以内。

5.2 保温砌模现浇钢筋混凝土网格抗震墙承重体系

5.2.1 体系概述

保温砌模现浇钢筋混凝土网格抗震墙承重体系（以下简称“保温砌模网格墙体系”）由新型专利保温空心砌块做砌模，砌模由聚苯颗粒混凝土（简称EPS混凝土）制成，砌模分外墙砌模、内墙砌模和梁柱模，保温砌模具有优良的保温隔热性能和一定的力学性能（图3－13[53]，图3－14[53]）。

图3－13 保温砌模

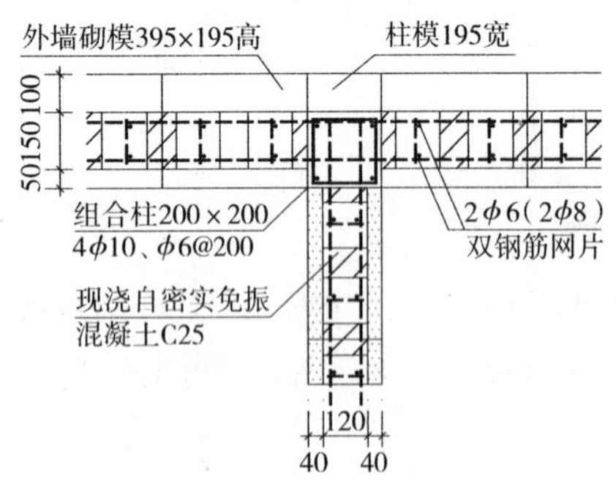

（a）内外墙丁字构造

（b）现场照片

图3－14 保温砌模现浇钢筋混凝土网格抗震墙内外墙节点

如图3－14所示，施工时，将砌模对孔错缝砌筑，构成现浇墙体的模板，在模内形成竖向和水平的网格状空腔，横竖网格空腔中心距均为200mm，外墙竖向空腔截面为130mm×150mm（150mm为厚度），内墙竖向空腔为130mm×120mm（120mm为厚度），上下层砌模之间形成的水平空腔高80mm。砌筑保温砌模时，在每层砌模水平槽内配置水平钢筑网片，砌到一层高度，在竖向空腔内从上部插入竖向钢筋网片，通过底层砌模预留的清扫口将竖向网片下端和结构预埋钢筋绑扎在一起，其上端与圈梁钢筋固定。沿墙模上部空腔灌注自密实混凝土，形成由竖肢（宽130mm）和横肢（高80mm）组成的网格状混凝土墙，即网格抗震墙。沿内外墙上部设置封闭式圈梁，楼板和屋盖采用现浇或装配整体式结构，在墙体交接处设置组合柱，或承重梁下设置加强柱，构成完整的抗震墙承重体系。

框架结构采用保温砌模网格墙做外墙，由框架、网格墙、组合柱和普通实心抗震墙承受竖向和水平作用力，构成框架－网格抗震墙结构。为满足建筑底部局部大空间需要，部分抗震墙不落地，通过转换结构支承在底部框架上，可构成部分框支网格抗震墙结构。

5.2.2 建筑结构

保温砌模网格墙体系适用于非抗震设计和抗震设防烈度为6度、7度、8度、9度地区的房屋建筑。其结构类型包括框架－网格抗震墙结构、网格抗震墙结构、部分框支网格抗震墙结构。抗震设防类别为丙类的网格墙建筑的最大适用高度和层数限值见表3－15。

网格墙建筑适用的最大高度和层数限值　　表3－15

结构类型	非抗震设计		抗震设防烈度					
			6度、7度		8度		9度	
	高度（m）	层数	高度（m）	层数	高度（m）	层数	高度（m）	层数
框架－网格抗震墙	36	12	36	12	31	10	16	5
网格抗震墙	45	15	45	15	36	12	19	6
部分框支网格抗震墙	31	10	31	10	24	8	不应采用	

保温砌模网格墙建筑有地下室时，±0.00以下外墙应采用普通抗震墙。网格墙可贯通房屋全高，也可以底部若干层为钢筋混凝土抗震墙、上部为网格墙。网格墙建筑的电梯井筒应采用钢筋混凝土抗震墙，墙厚不小于160mm。框架－网格抗震墙结构中，网格墙做外墙，起到保温、隔热的作用；内墙宜采用钢筋混凝土抗震墙。

5.2.3 施工工艺

1. 主要施工材料的要求

（1）保温砌模。保温砌模是由聚苯颗粒加胶凝材料拌和后成坯脱模经养护后生成，对砌模的强度（抗压≥0.5MPa，抗折≥0.3MPa）养护和静置龄期（养护28d，静置20d）都要有严格的规定和要求，达到上述规定值才能进场使用。对于砌模的外观质量、表观干密度、尺寸偏差都要逐批检查，要求符合有关规程规定，砌模进场要有产品合格证和质量检测证明。

（2）钢筋网片。钢筋网片分内墙和外墙水平钢筋网片、竖直钢筋网片及窗口加强筋网片。钢筋网片由自动焊接机焊接成型。所用钢筋应符合现行国家标准《钢筋混凝土结构设计规范》（GB 50010）的规定，施工现场应按规格码放钢筋，应采用措施防止钢筋锈蚀和污染。

（3）专用干拌砌筑砂浆。专用干拌砌筑砂浆由工厂提供，在施工现场加水搅拌后使用，砂浆稠度为7～8cm，抗压强度≥1MPa，粘结剪切强度≥0.7MPa，可操作时间为2h。

（4）模板。钢筋混凝土圈梁、组合柱和楼板的模板宜采用竹胶模板。

（5）自密实混凝土。自密实混凝土要求坍落度≥260mm，扩展度≥600～700mm，排空时间为8～12s。进行浇筑施工时，应严格按照《自密实混凝土应用技术规程》（CECS203：2006）标准执行。

（6）干拌抹面砂浆。应符合表3－16的规定。

干拌抹面砂浆性能指标要求 表3－16

试验项目		性能指标
拉伸粘结强度（与水泥砂浆）（MPa）	常温常态	≥0.70
	耐温	≥0.50
	耐水	≥0.50
	耐冻融	≥0.50
拉伸粘结强度（与聚苯板）（MPa）	常温常态	≥0.10或聚苯板破坏
	耐温	≥0.10或聚苯板破坏
	耐水	≥0.10或聚苯板破坏
	耐冻融	≥0.50
可操作时间（h）		≥2
24h吸水量（g/m^2）		≤1000
柔韧性	水泥基：28d压折比（抗压强度/抗折强度）	≥1.00
	非水泥基：开裂应变（%）	≥1.5
水蒸气透过湿流密度（$g/m^2\cdot s$）		≥1.00
抗裂性（厚度5mm以下）		无裂纹
透水性（24h）（ml）		≤3.0

注：如果24h吸水量≤500g/m^2，可不必做耐冻融试验。

（7）抹面用耐碱玻璃纤维网格布。应符合表3－17的规定。

抹面用耐碱玻璃纤维网格布技术指标要求 表3-17

检验项目	技术指标
网孔尺寸（mm）	4×4，5×5
单位面积质量（g/m^2）	≥160
经纬向断裂（N）	≥750（50mm宽）
断裂强度保持率 （100℃氢氧化钙溶液浸泡4h）（%）	≥50

2. 施工操作要点

1）砌筑保温砌模墙体

砌筑前，圈梁或楼面应清扫干净，洒水润湿。

水平、竖直灰缝均不宜大于5mm，砂浆应饱满，平直通顺。在砌墙时，随砌随勾缝，使灰缝表面密实，以免浇筑混凝土时漏浆。

砌到门窗上口时，应先支门窗上口底模，要求模板支设牢固平直。模板接缝应严密，并刷好隔离剂。

砌墙时每砌一层，设一道水平钢筋网片，网片要居中搁放，网片横向短筋要居肋中，不得偏到竖孔内，以免妨碍竖筋插入。网片搁置要上下对齐，搭接长度不小于300mm，柱内锚入长度不小于300mm，所有接头均要绑扎牢固，绑扣间距不大于150mm。

待墙砌好后，从清扫口把口内杂物清扫干净，然后插入竖筋。竖筋要垂直居孔中搁置。上口与水平筋绑扎牢固，下侧与锚固筋搭接不小于300mm，并从清扫口绑扎牢固，如竖筋插入时不垂直，可用$\phi6$短筋从墙中插入孔中，调直钢筋。

门窗上口砌块要设清扫口，从清扫口中清除杂物，并将竖向钢筋与水平加强钢筋网片绑扎牢固。

2）支模

支模前要把墙面、地面清扫干净，对凹凸不平的局部要剔凿或抹灰找平，然后贴胶条，以免漏浆。

清扫口支模要平整、顺直。模板接缝应严密，并刷好隔离剂。固定模板可采用穿墙拉片或短木方子，用三角支撑支顶牢固。

柱支模采用定型钢模或竹胶模板，模板要垂直平顺，紧贴墙面。固定模板应采用对拉螺栓，拉杆应从砌块肋部穿过，拉杆直径$\phi12$，间距不大于800mm，要求距地300mm开始设第一道，用两根短横管上蝶形卡子固定牢固。外墙支模前，在其外侧先贴与砌块同材质的预制保温板，板厚50mm，宽同柱截面，高度800mm。砌前应在柱筋上绑好垫层，以保护钢筋。

门窗洞口及预留管线洞口处支模前先检查洞口尺寸及其垂直度、平整度是否符合规范要求，支模模板宜采用定型钢模，局部不符合模数处可采用木模，洞口底模用木支撑支顶牢固，侧模用短木方子背木楔支顶牢固。模板要平整顺直，紧贴砌块，接缝严密，以免漏浆。窗台上口不封模板，以便混凝土自流平。

圈梁模板采用竹胶模板。外墙内侧及内隔墙等圈梁模板应与现浇楼板统一支模，内搭满堂红架子，用短管、卡子、木方子等支顶牢固，外墙外侧要用穿墙横担，横担不小于ϕ12，间距不大于800mm，距墙两端300mm开始设置，上口用对拉螺栓固定，设置位置同横担，支好后模板上口要进行校正，使其平整垂直、断面尺寸正确，侧面紧贴墙面，以免漏浆。然后在模板内侧搁保温板，搁置前要先在圈梁钢筋上绑好垫块。

3）浇筑混凝土

浇筑前应先划分好施工段，留好垂直施工缝。施工缝应设在门窗口中。施工缝一般是用细眼钢丝网从砌块竖孔中插入并用木方固定牢固，使其阻断混凝土的流动，待混凝土凝固后，抽出木方。

浇筑混凝土时，浇筑点间距不应大于1m，门窗口应从其两侧墙垛浇入，待混凝土从窗台返出、流平。应连续浇筑，直到一个施工段浇完为止。浇筑高度每层不大于1m并应留在砌块中水平孔下侧，以免水平孔堵塞。浇筑时应控制好混凝土的流速，以便控制每层浇筑高度。

浇筑时，随时拿手电筒观察孔中混凝土的流动情况。如发现钢筋挂浆，孔径堵塞，应及时拿钢钎插捣，使混凝土密实。

混凝土浇筑完后，应及时用木抹子找平，出墙竖筋以及组合柱筋应及时挂线调正。

4）水、电专业配套施工

水暖、消防、电器管件固定时，对能确定位置的可在墙上事先安装预埋件，埋件钢筋要伸入墙体混凝土中，并固定牢固，待混凝土达到强度后，方可焊接连接件。对位置不确定的管件，可待混凝土达到强度后，用塑料胀栓连接。

水暖、消防、电器穿墙管线设置时，对管线位置能设在砌块肋上的，可待混凝土浇筑好后，再用手枪钻在砌块上开洞。如不能设置在肋上的，可事先下套管，套管长度应每侧出墙10mm，安装后与墙面的缝隙用砂浆勾严，以免浇筑混凝土时漏浆。

对直径小于50mm的管线，可待砌体中混凝土达到强度后弹出安装线，依线剔槽，并用管卡子、胀栓固定牢固，然后用1：3砂浆填实找平。抹灰前用胶浆粘玻璃丝带，以免开裂；对直径大于50mm的管线，可直接埋设在墙内，依据设计加设加强筋并支模、浇筑混凝土。支模前检查其位置是否正确，并做好隐检记录，管口封严，以免进入杂物。

对于墙上设置消防箱、配电箱等预留洞口的做法同门窗洞口，待混凝土达到设计强度后，拆除模板进行安装，安装时可与洞口侧边混凝土芯柱中的钢筋直接焊接或焊出连接件固定。箱体背面可采用砌保温板或刷好防腐油，焊接钢丝网片，抹聚合物砂浆的处理工序。对线盒等小的管件，可待混凝土到达一定强度后开始依线凿除砌块保温层进行安装，可用塑料胀栓固定。

5）墙体抹灰

抹灰前墙面必须先抹界面剂。

在保温砌模墙体上抹聚合物砂浆，同时将门、窗洞口及阴角处的翻包网格布压入砂浆中。聚合物砂浆抹面厚度宜控制在：标准做法 1 ~5mm；首层增强做法 5 ~7mm（依据北京市地方标准）。

贴压网格布的方法是将网格布绷紧后贴于聚合物砂浆上，用抹子由中间向四周把网格布压入砂浆的表层，要平整压实，严禁网格布皱褶。网格布不得压入过深，仅以盖网格布、微见网格布轮廓为宜。面层砂浆切忌不停揉搓，以免形成空鼓。单张网格布长度不宜大于 6m。铺贴遇有搭接时，必须满足横向 100mm、纵向 80mm 的搭接长度要求。

5.3 建筑模网混凝土抗震墙结构体系

5.3.1 体系概述

1. 结构形式

建筑模网混凝土墙体是利用镀锌薄钢板，经开缝并拉制形成的蛇皮形钢板网作为面板，加竖向槽形加劲肋龙骨，以及横向连接钢筋（钢片）作为永久性模板（建筑模网），经配筋浇筑混凝土后形成混凝土抗震墙结构，并在建筑模网一侧放置轻质保温材料，即形成具有外保温的隔热性能良好的节能型建筑模网混凝土墙体（图 3 –15[53]）。

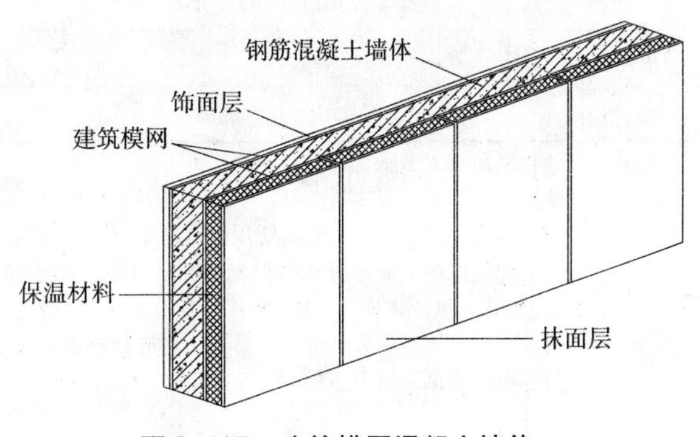

图 3 –15 建筑模网混凝土墙体

2. 技术依据及应用范围

建筑模网在国外已有长久的应用实践，多用于多层混凝土抗震墙结构。经引进技术及改进工艺并进行试验研究及试点应用，在我国已编制形成若干地方标准，并建成工程100 万 m^2 以上。

建筑模网结构适用于非抗震地区和抗震设防烈度为 6 ~8 度地区的民用建筑混凝土

抗震墙结构。不同设防烈度地区，适用的房屋最大高度应符合以下的有关规定，详表3－18～表3－20。

模网混凝土结构的最大适用高度（m） **表3－18**

结构体系	非抗震设计	抗震设防烈度		
		6度	7度	8度
模网混凝土抗震墙结构或部分框支模网混凝土抗震墙结构	54	54	45	30

注：1. 房屋高度指室外地面至主要屋面高度，不包括局部突出屋面的电梯机房、水箱、构架等高度。
2. 平面和竖向均不规则的结构或建造于Ⅳ类场地的结构，适用高度应适当降低。
3. 部分框支模网混凝土抗震墙结构指首层或底部两层有部分框支混凝土抗震墙的模网混凝土抗震墙结构。

模网混凝土抗震墙结构最大高宽比 **表3－19**

结构体系	非抗震设计	抗震设防烈度		
		6度	7度	8度
模网混凝土抗震墙	5	5	4	3

模网混凝土抗震墙结构的抗震等级 **表3－20**

结构类型		抗震设防烈度				
		6度	7度		8度	
模网混凝土抗震墙结构	高度 H（m）	$16 \leqslant H \leqslant 54$	$13 \leqslant H \leqslant 24$	$H > 24$	$10 < H \leqslant 21$	$H > 21$
	抗震等级	四	四	三	三	二
部分框支模网混凝土抗震墙结构	落地混凝土抗震墙	三	三	二	二	一
	框支层框架	三	三	二	二	一

注：1. 建筑场地为Ⅰ类时，除6度外可按表内降低1度所对应的抗震等级采取抗震构造措施，但相应的计算不应降低。
2. 部分框支模网混凝土抗震墙结构中，框支层以上的部位，应允许按模网混凝土抗震墙确定其抗震等级。
3. 丙类建筑应按本地区的设防烈度直接由本表确定抗震等级；其他设防类别的建筑，应按现行国家标准《建筑抗震设计规范》（GB 50011）的规定调整设防烈度后，再按本表确定抗震等级。
4. 落地混凝土抗震墙、框支层框架采用普通钢筋混凝土结构时，其计算与构造应符合现行国家标准《建筑抗震设计规范》（GB 50011）相应抗震等级的规定。

3. 模网的组成及保温特性

建筑模网的模板体系由镀锌钢板孔网、竖向龙骨、水平折钩拉筋或连接钢片组成，如图3－16所示。建筑模网分普通型和保温型两种，见图3－17[53]。标准模网体系的规格可按表3－21选用，也可根据设计要求自行确定。

用来制作龙骨、钢板网的热镀锌钢带应符合现行国家标准《连续热镀锌钢板及钢带》（GB/T 2518）的规定。其性能级别为250，镀锌量为Z200。成型后的龙骨，在模网浇筑混凝土时应提供足够的刚度与强度。成型后的钢板网，在模网浇筑混凝土时，应能提供足够的刚度和强度，而且在保证混凝土不漏浆的前提下滤除气泡和多余水分。水平钢筋应优先用HRB400级，也可采用HPB235级。并均符合国家相关规定。

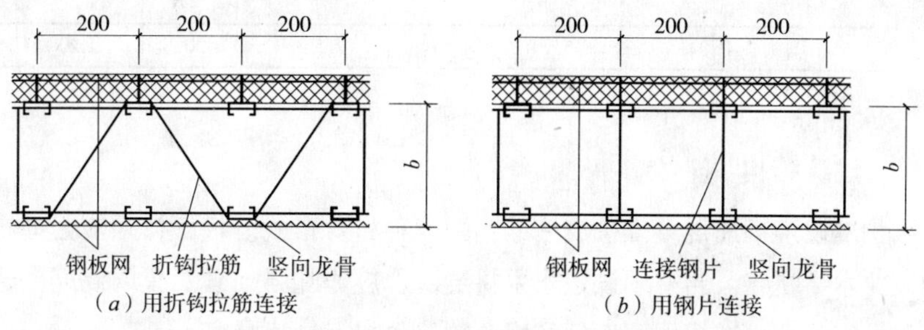

（a）用折钩拉筋连接　　（b）用钢片连接

图3-16　建筑模网示意

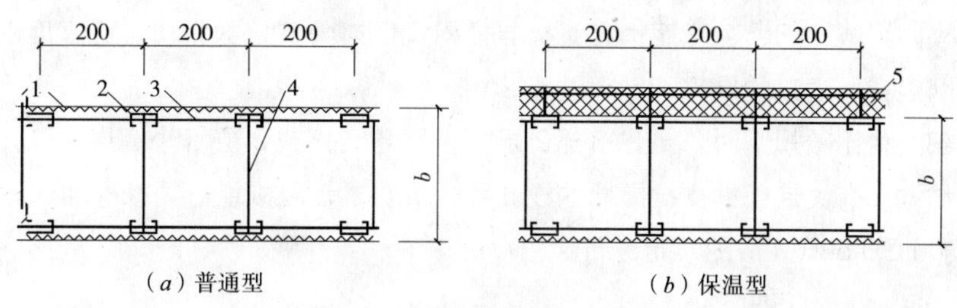

（a）普通型　　（b）保温型

图3-17　建筑模网分类

1. 钢板网；2. 加劲肋；3. 水平拉筋；4. 连接钢片；5. 保温材料

标准建筑模网的规格（mm）　　表3-21

厚度	水平拉筋		宽度	高度	龙骨间距
	直径	竖向间距			
160	6	100	300、500、700、900、1100	≤4200	200
		200			
200	6	100			
		200			
250	6	100			
		200			

注：当采用保温型模网时，模网一侧聚苯板的厚度应根据混凝土和聚苯板传热系数加权计算后确定，应满足有关建筑节能标准的要求，并在单体工程设计中注明。

模网混凝土其导热系数与普通钢筋混凝土相同。试验表明，挂钉使墙体的传热系数仅增加6%~8%。因而，对此部分的影响修正系数推荐为1.10。保温材料若采用绝热用膨胀聚苯乙烯泡沫塑料板，其表观密度应大于18kg/m^3。其他物理性能指标，详见表3-22。保温层的厚度应根据本地区建筑节能设计标准的规定计算确定。

聚苯乙烯泡沫板物理力学性能　表 3－22

表观密度（kg/m^3）	压缩强度（kPa）	导热系数（W/m·K）	体积变化率（%）	水蒸气透湿系数	体积吸水率（%）	熔结性		氧指数（%）
						断裂弯曲负荷（N）	弯曲变形（mm）	
≥18	≥85	≤0.041	≤5	≤7.0	≤5	≤20	≥20	≥30

5.3.2　建筑结构

模网结构属现浇钢筋混凝土抗震墙结构的一种特殊形式。模板体系应竖向布置，不宜在层间设置水平拼缝。当必须设置水平拼缝时，应作加强处理。模网混凝土建筑的开间、进深尺寸宜符合标准模网宽度任意组合的倍数加上外墙厚度。

模网混凝土抗震墙墙肢长度宜等于标准规格模网或其组合后的宽度；墙肢可由一片或若干片模网组成；门、窗宽度也宜为标准模网宽度或为其倍数，门、窗高度由设计者确定。模网混凝土建筑的层高不宜超过 4.2m。

当上部结构比较规则时，允许底部 2 层（多层建筑）或 3 层（小高层建筑）采取框支抗震墙结构，有关底部框支抗震墙的设计和构造要求，应按现行国家标准《建筑抗震设计规范》（GB 50011）的规定进行。

5.3.3　施工工艺

模网混凝土结构与普通钢筋混凝土结构施工方法大致相同，不同之处主要在以下几方面。

1. 模网安装工程

（1）在基础或楼板上标出模网墙体线，并固定木方。

（2）根据模网排块图，标出各模网构件的宽度线。

（3）分单元组装，将各模网构件支立并临时固定。

（4）固定模网墙体的水平支撑和安装支撑，调整墙体垂直度。

（5）放置附加水平钢筋和竖向钢筋。

（6）绑扎节点核心区的竖向钢筋和“U”形箍筋。

（7）采用模网角件或普通模板封堵节点核心区敞开部分。

（8）预留孔洞和预埋管线并固定。

（9）对模网安装工程和钢筋工程进行验收。

（10）浇筑模网墙体混凝土。

2. 钢筋工程

模网拼缝处设置的竖向钢筋可呈梯格状成对点焊，应放置在模网内水平钢筋与龙骨外侧的相交处。附加水平钢筋可放置在连接钢片上。附加水平钢筋应贴近龙骨内侧。绑扎钢筋时宜固定在其相近的龙骨或钢板网上。

3. 混凝土工程

混凝土浇筑宜维持原状泵送入模、连续施工。根据混凝土强度等级、耐久性和工作要求进行配合比设计。细骨料宜采用中砂，粗骨料宜采用碎石和卵石，最大粒径不宜超过20mm。

混凝土浇筑时的坍落度宜控制在140～180mm之间。采用楼板模板作为操作平台。每次浇筑高度不宜超过800mm，并且钢板网外应均匀挂浆。混凝土浇筑后应及时有效养护。常温时可采用喷水或淋水的养护方法，并以塑料布或其他保温材料等覆盖。

5.4 密肋复合墙结构体系

5.4.1 体系概述

密肋复合墙结构体系主要由预制密肋复合墙板与隐形外框及楼盖现浇而成，由密肋复合墙板与隐形外框组成的墙肢或墙段就是密肋复合墙体（图3－18[53]）；结构主要承力体系包括框格（类耗能装置）、复合墙板（耗能构件）、隐形框架，它们能在地震作用下分阶段释放地震能量，形成多道抗震防线。密肋复合墙结构体系中的复合墙板、复合楼板可进行标准化设计、机械化施工、工业化生产。

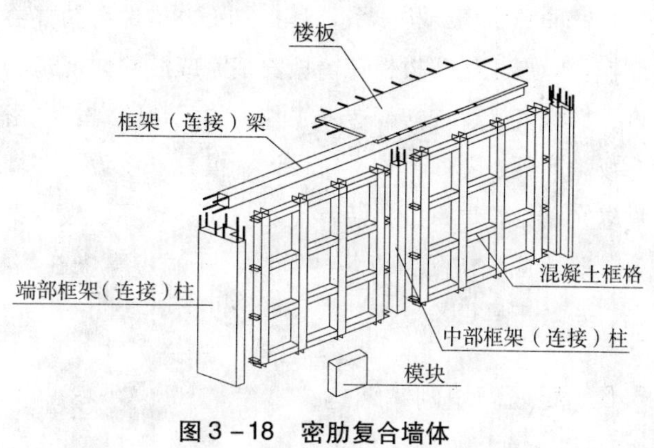

图3－18　密肋复合墙体

密肋复合墙板是以截面及配筋较小的钢筋混凝土为框格，内嵌以炉渣、粉煤灰等工业废料为主要原料的加气硅酸盐砌块（或其他具有一定强度的轻质骨料）预制而成，整个墙板形成整体，然后与隐形框架整浇，形成整体结构共同受力。密肋复合墙结构中，复合墙板不仅起围护、分隔空间和保温作用，而且可作为承力构件使用，从而可有效减小框架截面尺寸及配筋量，降低结构经济指标。

5.4.2 建筑结构

密肋复合墙结构体系按结构形式可分为多层与中高层。作为主要承力构件的复合墙板可根据竖向及水平力的不同进行框格优化配比设计；隐形轻框在中高层建筑中依据受力计算确定截面及配筋；在多层建筑中按构造设计；楼板在中高层建筑中均采用现浇，在多层建筑中可根据抗震设防烈度不同选用预应力空心板、密肋复合楼板或现浇钢筋混凝土楼板。

（1）多层密肋复合墙结构体系，主要适用于8层及8层以下住宅及办公用房，旨在代替传统的砖混结构。

（2）框支密肋复合墙结构体系，主要适用于12层以下（含12层），底部大空间、上部小开间的办公及住宅等建筑，以代替或部分代替框支抗震墙结构。

（3）隔震大开间密肋复合墙结构体系，主要适用于8层及以下住宅，旨在解决多用途建筑结构对设计灵活性的需求，以适应建筑使用功能可持续发展的需求。

（4）中高层密肋复合墙结构体系，主要适用于15层以下（含15层）住宅、办公等中高层建筑，旨在代替或部分代替框架或抗震墙结构体系。

5.4.3 施工工艺

密肋复合墙结构体系，其主要受力构件密肋复合墙板既可工厂化生产，也可以现场制作，隐形框架及楼板在墙板安装完成后整体浇筑。重要施工工艺包括密肋复合墙板生产、墙板安装、连接构造、工种间的配合等。其中密肋复合墙板的现场预制生产工艺包括场地布置、蒸气养护系统设计、模具系统设计、墙板生产、现场运输等环节。根据密肋复合墙结构体系的拼装特点，为了不破坏墙板本身以及整个结构的整体性，各专业在设计阶段应密切配合，各种管线、孔洞应事先在墙板、隐框柱或现浇楼板中预埋或预留，一般不得后凿。

5.5 配筋砌块砌体结构

5.5.1 体系概述

配筋砌块砌体结构是由带有水平凹槽的高强度混凝土小型空心砌块错孔砌筑，在竖向孔洞及水平凹槽内按计算或构造配置钢筋，全部或大部分竖孔及水平凹槽用混凝土灌实，最后组成的墙体可视为预制装配整体式钢筋混凝土抗震墙结构（图3－19）。

图3－19 配筋砌块砌体结构

5.5.2 建筑结构

1. 最大高度与高宽比限值

配筋砌块砌体结构的最大高度应符合表3－23的规定，房屋总高度与总宽度的比值不宜超过表3－24的规定；对横墙较少或建造于Ⅳ类场地的房屋，适用的最大高度应适当降低。

配筋混凝土小型空心砌块抗震墙房屋适用的最大高度（m）　　表3－23

最小墙厚（mm）	6度	7度		8度		9度
	0.05g	0.10g	0.15g	0.20g	0.30g	0.40g
190	60	55	45	40	30	24

配筋混凝土小型空心砌块抗震墙房屋的最大高宽比　　表3－24

烈　度	6度	7度	8度	9度
最大高宽比	4.5	4.0	3.0	2.0

2. 结构布置

房屋应避免采用不规则建筑结构方案，并应符合下列要求。

（1）平面形状宜简单、规则，凸凹不宜过大；竖向布置宜规则、均匀，避免过大的外挑和内收。

（2）纵横向抗震墙宜拉通对直；每个独立墙段长度不宜大于8m，也不宜小于墙厚的5倍；墙段的总高度与墙段长度之比不宜小于2；门洞口宜上下对齐，成列布置。

（3）采用现浇钢筋混凝土楼、屋盖时，抗震横墙的最大间距，应符合表3－25的要求。

配筋混凝土小型空心砌块抗震横墙的最大间距　　表3－25

烈　度	6度	7度	8度	9度
最大间距（m）	15	15	11	7

5.5.3 施工工艺

配筋砌块砌体结构实际上是预制装配整体式混凝土抗震墙结构。它是利用不同规格的砌块，组成各种尺寸的墙体，砌筑时配置水平钢筋和竖向钢筋，浇筑灌孔混凝土，即以组砌和浇筑而成的结构形式。从材料的受力性质来说，它以混凝土砌块、灌孔混凝土为受压材料，钢筋为受拉材料，这一点几乎和钢筋混凝土结构完全相同。从施工方式来说，它是砌体和钢筋混凝土施工技术的巧妙结合。从施工工序来讲，配筋砌块砌体结构是先用砌块砌墙体外壳，作为承重和永不拆除的模板，而后设置竖向钢筋和浇筑灌孔混凝土。因此，配筋小砌块砌体抗震墙结构的施工主要是解决好砌块砌筑、钢筋设置和混凝土浇筑几个环节。

6 其他结构体系

6.1 土结构房屋

6.1.1 建筑体系

我国许多地方的传统建筑都采用了生土建造。如客家的围屋、黄土高原的窑洞、吐鲁番地区的土拱民居、中原地区的土坯房等，极具民族特色。

(1) 客家围屋。不论是殿堂式还是围龙式，那一条条天井都可晴天晒物，雨天排水，既可采光、流通空气，又是万一失火时的隔火巷。围屋门前大多是晒物的禾坪和一口半圆形的池塘，池塘既接纳围屋天井的排水，又可养鱼、浇菜园，还有了消防用水。围屋后面的山林或果园则可保持水土，防风挡沙，调节了小气候(图3-20)。

图3-20 客家围屋

(来自 http://www.hsjmc.com/bbs/viewthread.php?tid=1505)

(2) 土拱民居。吐鲁番地区俗称“火州”，夏季日平均气温高达38℃，最高气温达49.6℃，尽管绝对温度很高，但早晚温差却很大。早在两千多年前就有了以交河古城为代表的挖土或半穴居建筑。发展到后来变为下沉式窑洞建筑。到了近代演变为“下窑上屋”土坯砌拱顶的民居，它是地面建筑与半穴居的结合体，这种用厚生土墙和厚草泥屋面保温、开窗面积小、同时居室深藏的恒温式建筑，非常适合该地区夏季酷热、冬季寒冷的气候特点。

(3) 黄土高原的窑洞。传统窑居建筑中蕴涵丰富的绿色建筑经验，如冬暖夏凉(节约能源)、节约土地、就地取材、施工简便、经济实用、窑顶自然绿化、污染物排放量小、利于保护自然生态环境等，这些是中国传统地区优秀建筑文化的核心部分。但传统窑居建筑普遍存在空间形态单一、功能简单、保温性能失衡(正立面很差)、自然通风与自然采光不良以及室内空气质量较差等问题。以砖混结构为主体的现代居住建筑体系，虽然能满足人们对建筑空间环境的多种生理和心理需求，但存在能耗大、资源消耗多、污染物排放量大等缺点，因而其与传统乡土民居建筑具有极强的互补性（图3－21）。

图3－21　窑洞

（来自 http：//bbs. hsw. cn/read-htm-tid-1342260-fpage-5-page-2. html）

6. 1. 2　结构体系

1. 结构特点

利用自然土建造房屋，是人类最早的建筑活动，生土建筑也是人类最早的发明创造。我们从今天生态文明的社会层面，从人居环境可持续发展的观念，重新审视“生土”这一古老的建筑材料时就会认识到，“生土”是天然的绿色建筑材料，由生土砖建造的房屋，即使建筑毁掉，其建筑垃圾仍可作为肥料回归农田。生土的这种生态优势是其他建筑材料无法相比的。生土结构具有就地取材、造价低廉、冬暖夏凉等优点，在黄土高原等地区，其原材料“生土”几乎是取之不尽、用之不竭。

2. 结构设计要点

我国《建筑抗震设计规范》（GB 50011—2010）对未经焙烧的土坯、灰土和夯土承重墙体的房屋及土窑洞、土拱房进行了以下专门的规定。

（1）生土房屋的高度和承重墙间距应符合下列要求：

生土房屋宜建单层，6 度和 7 度的灰土墙房屋可建二层，但总高度不应超过 6m。

单层生土房屋的檐口高度，不宜大于 2. 5m。

单层生土房屋的开间，不宜大于 3. 2m。

窑洞净跨不宜大于 2. 5m。

（2）生土房屋的屋盖应符合下列要求：

应采用轻屋面材料。

硬山搁檩房屋宜采用双坡屋面或弧形屋面，檩条支撑处应设垫木；端檩应出檐，内墙上檩条应满搭或采用夹板对接和燕尾加扒钉连接。

木屋盖各构件应采用圆钉、扒钉、铁丝等相互连接。

木屋架、木梁在外墙上宜满搭，支承处应设置木圈梁或木垫板；木垫板的长度、宽度和厚度分别不宜小于 500mm、370mm 和 60mm；木垫板下宜铺设砂浆垫层或黏土石灰浆垫层。

（3）生土房屋的承重墙体应符合下列要求：

承重墙体门窗洞口的宽度，6、7 度时不应大于 1. 5m，8 度时不应大于 1. 2m。

门窗洞口宜采用木过梁；当过梁由多根木杆组成时，宜采用木板、扒钉、铅丝等将各根木杆连接成整体。

内外墙体应同时分层交错夯筑或咬砌。外墙四角和内外墙交接处，宜沿墙高每隔500mm左右放置一层竹筋、木条、荆条等编织成的拉结网片，每边伸入墙体应不小于1000mm或至门窗洞边，拉结网片在相交处应绑扎；或采取其他加强整体性的措施。

（4）各类生土房屋的地基应夯实，应采用毛石、片石、凿开的卵石、普通砖基础，基础墙应采用水泥砂浆砌筑。外墙宜作墙裙防潮处理，墙角宜设防潮层。

（5）土坯宜采用黏性土湿法成型并宜掺入草苇等拉结材料；土坯应卧砌并宜采用黏土浆或黏土石灰浆砌筑。

（6）灰土墙房屋应每层设置圈梁，并在横墙上拉通；内纵墙顶面宜在山尖墙两侧增砌踏步式墙垛。

（7）土拱房应多跨连接布置，各拱脚均应支承在稳固的崖体上或支承在人工土墙上；拱圈厚度宜为300~400mm，应支模砌筑，不应后倾贴砌；外侧支承墙和拱圈上不应布置门窗。

（8）土窑洞应避开易产生滑坡、山崩的地段；开挖窑洞的崖体应土质密实、土体稳定、坡度较平缓、无明显的竖向节理；崖窑前不宜接砌土坯或其他材料的前脸；不宜开挖层窑，否则应保持足够的间距，且上、下不宜对齐。

6.1.3 施工工艺

（1）客家传统民居皆用版筑法建造。先挖墙沟，夯实，埋入大石为基础，再用石块、灰浆砌筑墙基。然后，在墙基上用木墙版相夹，填入捣碎筛净的红土和石子、石灰，举杵舂实为墙。最后在内外墙壁抹上石灰，既防风雨剥蚀，又洁白美观。这种生土版筑的房屋坚固异常。客家地区现存的许多土楼、围屋，都有二三百年乃至五六百年的历史，它们虽经风雨洗刷和强烈地震、台风的袭击，至今巍然屹立。

（2）生土结构墙体与木结构屋顶相结合可形成生土木结构。生土木结构墙体的构造方法有两种：一是生土夯筑，二是土坯砌筑。夯筑墙一般不做基础，夯筑用木夹板作模具，分层分段进行，为了抗震，在夯筑墙的转角处每隔200mm高放置10余根芦苇拉接，夯筑墙下厚上薄，墙基约800mm厚，上部约500mm厚。土坯砌筑墙下部基础通常用地产片石、卵石或红砖砌筑，埋深600~800mm，高出自然地坪300mm左右，上部土坯外墙厚度为500mm，内墙厚度为300mm。生土木结构屋面采用木檩条、木椽条承重；上铺芦苇束或红柳束、厚麦草做保温层；最后用草泥做屋面，分三层抹好，总厚度约180mm。

6.1.4 使用与维护

由于生土窑洞特定的构筑材料和结构支撑形式，其抵抗灾害的能力对自然地质条件非常敏感，依照生土窑居所处位置和构造方式，其受到的灾害主要有以下几种：自然塌落、水患、滑坡与崩塌、裂缝、地震[45]。因此土窑洞应选址合理，避免老滑坡地带和节理发育显著的地区，尽量避免削坡建窑；保证窑顶、窑背排水通畅，必要的时候可以采用一定的防水技术；及时补涂窑内涂料，防止风化作用引起节理的发展扩大；对开挖后节理发育明显的窑洞采取加箍支撑的措施等[46]。

6.1.5 发展方向

传统民居形式中有很多与绿色建筑体系相一致的思想及技术，能很好地达到节能和保护环境的目的，这些传统绿色建筑有着较好的社会基础，我们借鉴传统民居的目的就是利用现代的技术来提升、发展现代建筑。

在当今资源匮乏、能源危机、人类生存环境日益恶化的时代，从自然生态、建筑技术的角度挖掘出民居对建筑本质的把握，充分利用气候、环境因素进行建筑设计，这对于节约能源、维护自然生态环境，丰富民族风情建筑形式、创造舒适宜人的生活环境等方面都具有深远的意义。

1. 采用改良的生土技术建造绿色民居

传统的生土建筑墙体强度低，耐久性差，房屋开间尺寸受到很大限制，若采用改良的生土技术，诸如灰土墙、水泥土墙等，则可大大提高墙体的承载能力、整体性和抗震能力，以及房屋布局的灵活性。

2. 屋顶种植草皮

我国很多地方如新疆地区，干旱、少雨、风沙大，民居屋顶常做草泥坡顶，若在屋顶种植草皮，则可收到一举多得的效果。一方面草皮可通过光合作用，阻止夏季烈日对屋顶的曝晒，起到隔热作用；另一方面，厚厚的草垫在冬季对民居起到一定的保温作用；再者绿色草皮还能美化屋顶，改善民居的微气候。

3. 大力开发使用太阳能、风能技术产品

我国能源紧缺日益严重，利用常规能源一般都要付出很高的价钱，这对于我国并不富裕的村镇是一个很大的负担，并且常规能源对资源的消耗巨大，也会给环境带来很大污染，如果能将太阳能、风能技术产品用于村镇建筑中，则会既利于广大民众，又利于环境保护。如新疆地区就具有得天独厚的太阳能、风能资源：全年日照时数为 2800 ~ 3300 小时，居全国第二位；风能资源总贮量是 18910 万千瓦，每年可发电 8190 亿度，相当于 3439.8 万吨标准煤。在新疆应大力推广使用太阳能集热器、太阳能灶、太阳能热水器以及太阳能房等，为建筑提供洁净、取之不尽的能源。据测算，每户安装一台太阳能灶，每年使用 200 天，可节煤 900kg 左右；每户一台太阳能热水器，每年可正常使用 6 个月，能解决家庭生活热水、沐浴问题，大量降低了对不可再生能源的消耗，保持了生态环境的良性循环[47]。

6.2 木结构房屋

6.2.1 建筑体系

木结构房屋在房型设计方面更灵活，不必拘泥于传统房屋的许多限制条件，从而为开发商适应市场、开发新房型提供了极大方便。

木结构住宅外观轻盈大方，造型多样化。在居住时，木结构房屋的天然亲和力有益于居住者的健康，这是其他结构房屋无法比拟的，也是中国及世界各国大力提倡的。

6.2.2 结构体系

1. 结构特点

木结构房屋对比普通房屋有质量轻、结构严密、连续性好等特点，因此更稳固安全。木结构房屋自身重量轻，吸收的地震力少，在世界多次大地震中已充分显示了它绝佳的抗震性。作为一种结构材料，木材的抗震性能明显优于其他材料。木材轻质高强，因而地面加速度在木建筑物上所产生的能量没有其他建筑物大。木框架系统的另一个额外优势是其柔韧性优于其他材料，可以吸收并消散能量。

2. 结构设计要点

（1）承重用的木材应严格从现行国家标准《木结构设计规范》（GB 50005）所列树种中选用，满足相应钢材及结构用胶的要求。

（2）宜选用以木材为受压或受弯构件的结构形式。

（3）为了尽量利用短小木材和低等级的木材，宜积极创造条件采用胶合木材或胶合木结构。

（4）木屋盖宜采用外排水，若必须采用内排水时，不应采用木制天沟。

6.2.3 木材的绿色性能

木材是一种天然的、可生物降解的材料，是可再生的主要建筑材料，而且从能源利用和空气、水污染等方面比较，木结构较其他结构对环境的影响也最小。就能耗而言，钢结构和混凝土结构分别是木结构的1.2倍和1.5倍；木结构的空气污染指数最低，钢结构产生的空气污染为木结构的17倍，混凝土结构为2.2倍；木结构的材料对水毒性的影响亦最低，钢结构为木结构的3.47倍，混凝土结构为2.15倍[48]。

6.2.4 施工工艺

木结构房屋在建造过程中不污染环境，与钢结构相比，木结构的施工周期短，施工干净简单，无污水铁屑等废料，无大的噪声，无电焊作业，比较安全。木结构房屋的施工周期大约是传统房屋的1/2，为开发商提供了最快的资金回笼时间。

6.2.5 使用与维护

（1）木材是很好的电绝缘体，有低传导性，其保温和御寒性能均很好，相比之下，木结构比钢结构的保温性能好15%~70%（最低值与最高值），可以为消费者节省空调的电费或煤气费。

（2）在使用中必须采取通风和防潮措施，以防止木材的腐朽和虫蛀。

（3）木结构的防火主要应从控制建筑构件的燃烧性能和耐火极限，建筑物的层数、长度和面积，防火间距，采暖通风，烹饪炉的安装，密闭空间的隔火等方面采取综合措施来保证，木结构的防火设计应遵守现行国家标准《木结构设计规范》（GB 50005）和《建筑设计防火规范》（GB 50016）的相关规定。

6.2.6 发展方向

1. 发展制约因素

（1）虽然我国是木结构古国，有辉煌的发展历史，但是木结构在我国停滞了20多年，传统木结构的设计方法、施工工艺只有极少数古建专家、少数专业施工队掌握。目前比较全面掌握木结构且长期从事木结构科研工作的专家亦为数甚少，广大设计、施工人员对木结构则更加陌生，对国外新型的木结构体系也很不了解，没有广泛的群众基础，对木结构的推广很不利。

（2）木结构强度相对较低，所能建造的房屋层数较少，一般只有2~3层，北美木结构住宅最高建到5层。但我国人口众多，耕地渐少。为了节地并追求更大效益，大中城市中大多数房屋都很高，不可能采用木结构来建高楼；农村乡镇可以建造低层房屋，但目前现代木结构技术尚未被普通施工人员掌握，造价相对较高，还不能被人们接受，且各地均有各地的传统建房技术，很难推广。

2. 解决办法

（1）发展速生丰产林，利用高强复合工程用木材，严禁使用大径优质原木，以免造成对我国脆弱的森林系统的毁坏。

（2）加快材料本地化，减少运输耗能。为解燃眉之急，进口一定数量的木材是必需、合理的，但不能长期依赖木材进口。我们应加快高强、环保的复合工程用材的研发，并积极开发配套产品，尽快做到结构用材本地化。

（3）加快相关规范规程的编制，使木结构的设计施工有章可循，保证工程质量。

（4）重视对我国传统木结构技术和国外先进木结构技术的学习利用，培养工程技术人员，建立广泛的群众基础，投入资金、人员以加强对木结构的研发，提高木结构房屋的结构性能和施工易操作性，提高房屋的舒适性、环保性和节能性。

6.3 石结构房屋

我国石结构建筑历史悠久，两汉时已初步有所发展。我国传统的石结构建筑主要有石砌墓室、石拱桥、梁式石桥、石塔、石室等。我国山区人民更是因地制宜，将石材用于日常的民居中。福建泉州惠安民居，早在1500多年前，己用石板做屋面，并以三合土（白灰、砂、黄土）灌缝，至今完好无损（图3－22）。

图3－22 石结构房屋

（来自 http：//www.szpichappy.com/dispbbs.asp?boardid＝5&id＝16505&page＝&star＝1）

石结构建筑经济耐用，寿命较长，维修费用少，但抗震性能差。应对其进行抗震性能的研究，应用新技术改善其结构性能，保证人民的生命财产安全。

6.3.1 建筑体系

石结构建筑开间较小，能建造的层数不多，层高不大，不能形成大的空间，后期改造困难。且墙体厚重，有效使用空间小。

6.3.2 结构体系

1. 结构特点

石砌体抗压强度较高，可以作为建筑物的承重墙柱，经济耐用，寿命较长。但其抗弯剪性能低，属脆性材料，在地震作用下以剪切变形为主，变形能力和耗能能力较弱，因而其抗震性能较差。

由于石材比较笨重，使其开采、加工、运输能耗大，墙体的砌筑也不容易。

2. 构件选型

（1）石结构房屋的墙、柱截面尺寸应满足现行国家标准《砌体结构设计规范》（GB 50003）中允许高厚比的要求。

（2）毛石墙的厚度不宜小于350mm，毛料石柱较小边长不宜小于400mm。

3. 设计要点

（1）结构计算应按照现行国家标准《砌体结构设计规范》（GB 50003）执行。

（2）跨度大于6m的屋架和跨度大于下列数值的梁，应在支承处砌体上设置混凝土或钢筋混凝土垫块；对料石砌体为4.2m，对毛石砌体为3.9m；当墙中设有圈梁时，垫块与圈梁宜浇成整体。

（3）料石墙体中，当梁跨度大于或等于4.8m时，其支承处宜加设壁柱，或采取其他加强措施。

（4）料石砌体中，支承在墙、柱上的吊车梁、屋架及跨度大于或等于7.2m的预制梁的端部，应采用锚固件与墙、柱上的垫块锚固。

为了保证石结构房屋在地震作用下的安全，国家标准《建筑抗震设计规范》（GB 50011—2010）中对6~8度区的料石砌体建筑主要做了以下一些规定。

（1）多层石砌体房屋的总高度和层数不应超过表3-26的规定。

多层石砌体房屋总高度（m）和层数限值　　表3-26

墙体类别	烈度					
	6		7		8	
	高度	层数	高度	层数	高度	层数
细、半细料石砌体（无垫片）	16	五	13	四	10	三
粗料石及毛料石砌体（有垫片）	13	四	10	三	7	二

（2）多层石砌体房屋的层高不宜超过3m。

（3）多层石砌体房屋的抗震横墙间距，不应超过表3-27的规定。

多层石砌体房屋的抗震墙间距（m）　　表3-27

楼、屋盖类型	烈度		
	6	7	8
现浇及装配整体式钢筋混凝土	10	10	7
装配式钢筋混凝土	7	7	4

（4）多层石砌体房屋，宜采用现浇或装配整体式钢筋混凝土楼、屋盖。

（5）石墙的截面抗震验算，可参照国家标准《建筑抗震设计规范》（GB 50011—2010）第7.2节，其抗剪强度应根据试验数据确定。

（6）多层石砌体房屋的下列部位，应设置钢筋混凝土构造柱：外墙四角和楼梯间四角；6度时，隔开间的内外墙交接处；7度和8度时，每开间的内外墙交接处。

（7）抗震横墙洞口的水平截面面积，不应大于全截面面积的1/3。

（8）每层的纵横墙均应设置圈梁，其截面高度不应小于120mm，宽度宜与墙厚相同，纵向钢筋不应小于4ϕ10，箍筋间距不宜大于200mm。

（9）无构造柱的纵横墙交接处，应采用条石无垫片砌筑，且应沿墙高每隔500mm

设置拉结钢筋网片，每边每侧伸入墙内不宜小于1m。

（10）严禁采用石板、石梁及独立料石柱作为承重构件。

（11）其他有关抗震构造措施的要求，参照多层砌体结构的规定。

6.3.3 建筑设备

在砌体中留槽洞及埋设管道时，应遵守下列规定。

（1）不应在截面长边小于500mm的承重墙体、独立柱内埋设管线。

（2）不宜在墙体中穿行暗线或预留、开凿沟槽，无法避免时应采取必要的措施或按削弱后的截面验算墙体的承载力。

6.3.4 材料选择

（1）材料的选择应遵照因地制宜、就地取材的原则，尽量减少运输成本。石材的强度等级应根据试验数据确定。

（2）地震区的石砌体结构构件的材料，应符合下列规定：料石的强度等级不应低于MU30，砌筑砂浆的强度等级不应低于M5。

（3）五层及五层以上房屋的墙体，以及受震动或层高大于6m的墙、柱所用材料的最低强度等级，应符合下列要求：石材采用MU30；砂浆采用M5❶。

（4）地面以下或防潮层以下的砌体、潮湿房间的墙，所用材料的最低强度等级应符合表3－28的要求。

地面以下或防潮层以下的砌体、潮湿房间墙所用材料的最低强度等级　　表3－28

基土的潮湿程度	石材	水泥砂浆
稍潮湿的	MU30	M5
很潮湿的	MU30	M7.5
含水饱和的	MU40	M10

注：1. 对安全等级为一级或设计使用年限大于50年的房屋，表中材料强度等级应至少提高一级。
2. 此表来自于国家标准《砌体结构设计规范》（GB 50003—2001）表6.2.2。

（5）当有振动荷载时，墙、柱不宜采用毛石砌体。

6.3.5 施工工艺

同普通砖砌体结构的施工。

❶ 对安全等级为一级或设计使用年限大于50年的房屋，墙、柱所用材料的最低强度等级应至少提高一级。

6.3.6 使用与维护

（1）石结构的房屋使用期间，严禁剔凿水平槽，不得随意拆除墙体。在墙体上开凿洞口时，要防止承重墙体强度过分削弱。

（2）不得随意改变房屋的使用功能，以防荷载超载，给结构带来安全隐患，减少房屋的使用寿命。

（3）石结构构件在设计使用年限内，在正常维护条件下，必须保持适合使用，而不需大修加固。

6.3.7 发展方向

1. 采用灌浆技术提高石结构的抗剪强度

石结构房屋本身抗震性能差，传统的设计和施工方法又存在种种弊病，致使石砌体灰缝中砂浆饱满度远远达不到规定的要求，这更加大了人们对其抗震能力的担忧，因而急需采取措施进行加固处理。当前，行之有效的办法是对石砌体灰缝进行灌浆以提高砂浆饱满度，进而较大程度地提高石砌体的抗剪强度。研究和实践证明，在设计合理、构造得当、施工中确保灰缝砂浆饱满度的前提下，石结构房屋仍具有显著的抗震性能。

2. 采取措施加强房屋的整体性

墙体砌筑要咬砌，不得砌成通缝，采用设置圈梁、构造柱等措施加强石结构房屋的整体性，可以改善结构的抗震性能，提高其延性。

3. 采取隔震减震技术减小地震作用

美国盐湖城某砖石结构楼（12层100年前建成），采用橡胶垫托梁换基，有效地抗御了历次地震灾害，至今完整无损。

4. 加强石结构建筑的模数化设计、工厂化加工和机械化安装

附录 A　调研表格式

A1　结构体系分布状况

结构体系分布调研表　　表 A1

填表单位：

序号	工程名称	建筑面积（m^2）	结构形式	地上层数	建造城市	设计年代

A2　建筑结构实际使用寿命状况

拆除、改建工程调研表　（各地建委，1988 ~2003）　表 A2

<table>
<tr><td rowspan="2">地区</td><td rowspan="2">______省_________市区（镇、县、村）</td><td colspan="5">建筑编号</td></tr>
<tr><td></td><td></td><td></td><td></td><td></td></tr>
<tr><td>建筑名称</td><td></td><td></td><td></td><td></td><td></td><td></td></tr>
<tr><td>建筑功能</td><td>1－宿舍，2－住宅，3－办公楼，4－商场，5－旅馆，6－医院，7－大型体育场馆，8－其他</td><td></td><td></td><td></td><td></td><td></td></tr>
<tr><td colspan="2">建筑面积（m^2）</td><td></td><td></td><td></td><td></td><td></td></tr>
<tr><td colspan="2">建筑总高（m）/ 标准层层高（m）</td><td></td><td></td><td></td><td></td><td></td></tr>
<tr><td colspan="2">地下层数/地上层数</td><td></td><td></td><td></td><td></td><td></td></tr>
<tr><td>结构类型</td><td>1－砌体，2－框架，3－框架－抗震墙，4－抗震墙，5－钢结构，6－钢混合，7a（b/c）－竹（木/石）</td><td></td><td></td><td></td><td></td><td></td></tr>
<tr><td rowspan="3">已使用周期</td><td>周期</td><td></td><td></td><td></td><td></td><td></td></tr>
<tr><td>建成时间（年）</td><td></td><td></td><td></td><td></td><td></td></tr>
<tr><td>拆除或改建时间（年）</td><td></td><td></td><td></td><td></td><td></td></tr>
<tr><td>拆除或改建原因</td><td>1－建筑老化，2－设备机能改善，3－用途变更，4－土地经济利用，5－再开发，6－空间不足，7－其他</td><td></td><td></td><td></td><td></td><td></td></tr>
</table>

A3 各类结构体系耗材量与成本统计

各类结构体系耗材量与成本统计调研表 表A3

——施工队、投资方、预算

地区	______省______市______区（镇、县、村）	建筑编号		
建筑名称				
建筑功能	1－住宅，2－公共建筑，3－大型体育场馆，4－其他，5－含人防工程			
开工～竣工时间（年、月）				
建筑面积（m^2）				
结构类型	1－砌体，2－框架，3－框架－抗震墙，4－抗震墙，5－钢结构，6－钢混合，7a（b/c）－竹（木/石）			
建筑地上总高（m）/标准层层高（m）				
地上层数/地下层数				
地基	1－天然，2－人工处理			
基础类型	1－刚性条基，2－混凝土条基，3－独立基础，4－筏板，5－箱基，6－桩基			
基坑支护	1－放坡，2－土钉、喷锚，3－桩墙式，4－其他			
施工方式、新材料、新工艺				
混凝土	1－商品混凝土，2－现场搅拌，3－轻骨料混凝土			
钢筋	墙：1－现场绑扎，2－工厂焊接，3－冷轧带肋，4－其他			
	楼板：1－普通钢筋，2－冷轧扭，3－冷轧带肋，4－其他			
楼板	1－普通，2－井字梁，3－密肋梁，4－预应力，5－预制，6－钢混凝土混合，7－其他			
框架梁	1－现浇混凝土，2－预制；3－钢梁，4－钢骨混凝土，5－其他			
抗震墙	1－现浇混凝土，2－预制，3－钢斜撑，4－其他			
框架柱	1－现浇混凝土，2－钢柱，3－钢骨混凝土，4－钢管混凝土，5－其他			
隔震	1－无，2－有			
柱、墙模板体系	1－普通小钢模，2－大模板，3－滑模，4－提模，5－爬模，6－其他			
砌体承重墙/填充墙	1－（多孔）黏土砖，2－页岩砖，3－煤矸石砖，4－灰砂砖，5－粉煤灰砖，6－混凝土小砌块，7－混凝土多孔砖，8－石材，9－加气混凝土砌块，10－陶粒空心砌块，11－其他			
墙体保温形式	1－外保温，2－内保温，3－无保温，4－复合墙体或墙板，5－其他			
建筑工程造价	直接费（元）			
	工程造价（元）			
	单方造价（元/m^2）			
建安造价	单方造价（元/m^2）			
备注				

材料用量 表 A3－1

注：＊为必填项

建筑编号					
建筑名称					
一、土石方工程	费用（元）	单价			
		＊合价			
	＊工日（天）				
二、桩与地基基础工程	费用（元）	单价			
		＊合价			
	＊工日（天）				
三、砌筑工程	费用（元）	单价			
		＊合价			
	＊工日（天）				
	＊材料用量（m^3）	砖基础			
		砖砌体			
		砌块砌体			
		石砌体			
		砂浆			
四、混凝土工程	费用（元）	单价			
		＊合价			
	＊工日（天）				
	现浇混凝土材料用量（m^3）	1.（a）地下连续墙			
		1.（b）灌注桩			
		1.（c）基础			
		2. 柱			
		3. 梁			
		4. 墙			
		5. 板			
		6. 楼梯			
		7. 其他构件			
		8. 后浇带			
		＊9. 总计			
	预制混凝土材料用量（m^3）	1. 预制桩			
		2. 柱			
		3. 梁			
		4. 屋架			
		5. 板			
		6. 楼梯			
		7. 其他构件			
		＊8. 总计			
备注					

续表

建筑编号						
建筑名称						
	费用（元）	单价				
		＊合价				
	＊工日（天）					
五、钢筋工程	钢筋用量（t）	现浇构件钢筋	HPB235（I级钢）			
			HRB335（II级钢）			
			HRB400（III级钢）			
		预制构件钢筋	HPB235（I级钢）			
			HRB335（II级钢）			
			HRB400（III级钢）			
		预应力钢筋/钢丝/钢绞线				
		冷加工钢筋				
		＊总计				
	螺栓、铁件（t）	螺栓				
		预埋铁件				
		＊总计				
六、木结构工程	费用（元）	单价				
		＊合价				
	＊工日（天）					
	（钢）木屋架用量（榀）					
	木材用量（m^3）	1. 柱				
		2. 梁				
		3. 其他构件				
		＊4. 总计				
七、金属结构工程	费用（元）	单价				
		＊合价				
	＊工日（天）					
	钢材用量（t）	1. 钢屋架	总用量（t）			
			投影面积（m^2）			
		2. 钢网架	总用量（t）			
			投影面积（m^2）			
		3. 钢托架	总用量（t）			
			投影面积（m^2）			
		4. 钢桁架	总用量（t）			
			投影面积（m^2）			
		5. 钢柱				
		6. 钢梁				
		7. 楼板				
		8. 墙板				
		9. 其他钢构件				
		10. 金属网				
		＊11. 总计				

续表

建筑编号						
建筑名称						
八、模板工程	费用（元）	木膜板	单价			
			＊合价			
		钢膜板	单价			
			＊合价			
	＊工日（天）					
	＊木膜板（m^2）					
	＊钢膜板（m^2）					
九、屋面工程	费用（元）	单价				
		＊合价				
	＊工日（天）					
十、防水工程	＊工日（天）					
	卷材防水	＊材料做法				
		用量（m^2）	屋面			
			地下			
			＊总计			
		费用（元）	单价			
			＊合价			
	涂膜防水	＊材料做法				
		用量（m^2）	屋面			
			地下			
			＊总计			
		费用（元）	单价			
			＊合价			
	砂浆防水	＊材料做法				
		用量（m^2）	屋面			
			地下			
			＊总计			
		费用（元）	单价			
			＊合价			
十一、防腐、隔热保温工程	防腐	费用（元）	单价			
			＊合价			
	屋面保温隔热	＊材料做法				
		用量（m^2）	＊总计			
		费用（元）	单价			
			＊合价			
		＊工日（天）				
	外墙保温隔热	＊材料做法				
		用量（m^2）	＊总计			
		费用（元）	单价			
			＊合价			
		＊工日（天）				

施工能耗及运输成本 表A3-2

注：＊为必填项

建筑编号						
建筑名称						
主体结构施工（含基坑）	能耗	总计（元）				
		＊水（吨）				
		＊电（千瓦）				
		＊煤气/液化气（立方）				
		＊乙炔/氧气（立方）				
	工日（天）					
	人工费（元）					
	材料费（元）					
	机械机具租赁费（元）					
	“厂家地点”填项选择：1－本区县，2－外区县，“距离”填项选择：1－≤50km，2－50～100km，3－>100km					
材料运输能耗	材料供应场地/与施工现场距离（km）	商品混凝土（砂浆）厂家地点				
		商品混凝土（砂浆）距离				
		砂 厂家地点				
		砂 距离				
		石子 厂家地点				
		石子 距离				
		水泥 厂家地点				
		水泥 距离				
		钢模板 厂家地点				
		钢模板 距离				
		支撑及脚手架 厂家地点				
		支撑及脚手架 距离				
		钢筋 厂家地点				
		钢筋 距离				
		型钢 厂家地点				
		型钢 距离				
		预制构件 厂家地点				
		预制构件 距离				
		机械机具 厂家地点				
		机械机具 距离				

附录 B　结构体系基础数据库

B1　数据库技术选择与建立原则

数据是信息载体，是对客观世界对象的计算机描述。结构体系评价研究实质是数据流的转变过程，即输入数据经过中间模块转变成为研究所需的最终结果。整个研究作业是一个完备的信息数据流，数据组织、存储、检索、修改与维护等是数据处理的核心，而数据库技术（包括数据库存储技术和数据库访问技术）是数据处理的主要手段，可以减少数据冗余，实现数据共享和数据独立性。因此，选择合适的数据库技术可以大幅提高系统的实用性和灵活性等。工作组选择了使用普及、由 Microsoft 公司开发的 Access 数据库，进行数据组织、存储、检索、修改与维护等数据处理工作。

B2　数据库分类与建立

结构体系数据库的开发包括三大类：一是结构体系原始信息数据库，二是结构体系设计数据库，三是结构体系评价数据库。

结构体系原始信息数据库是用来记录所收集案例的全部信息，包括概况、材料用量、基础形式、结构类型、施工工艺、成本比例等，通过该数据库的建立，可以为研究者后期的拓展工作提供良好的基础（界面详图 B－1）；另两类数据库均可与结构体系评价软件建立接口，通过评价案例的不断增多和积累，逐步建立完整的录入数据库和评价输出数据库，为软件的改善和研究者的分析工作提供了非常便利的条件（界面详图B－2和图 B－3）。

由于结构设计水平与方法、施工工艺、结构材料的生产更新等条件都是在不断变化中，因此统计数据要求至少每 1 ~2 年进行一次更新，以保证数据库能够反映技术发展的真实水平。

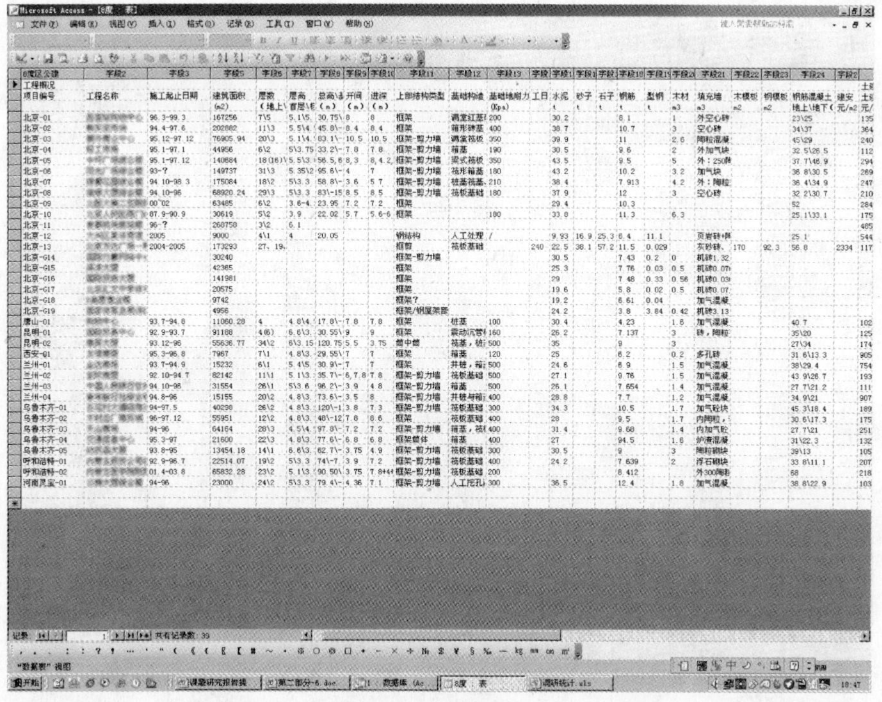

图B－1 结构体系原始信息数据库界面

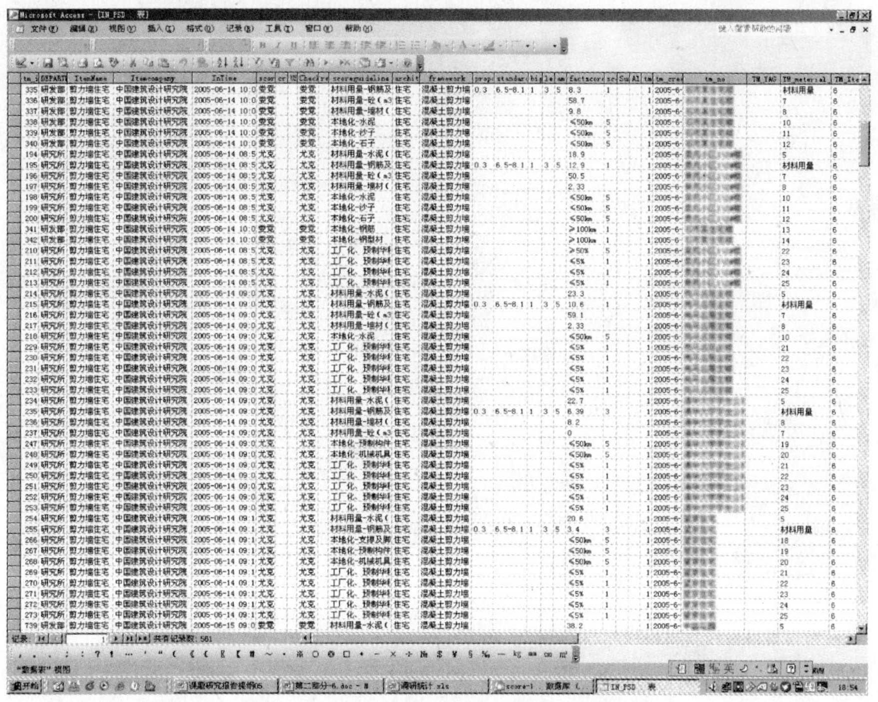

图B－2 结构体系设计数据库界面

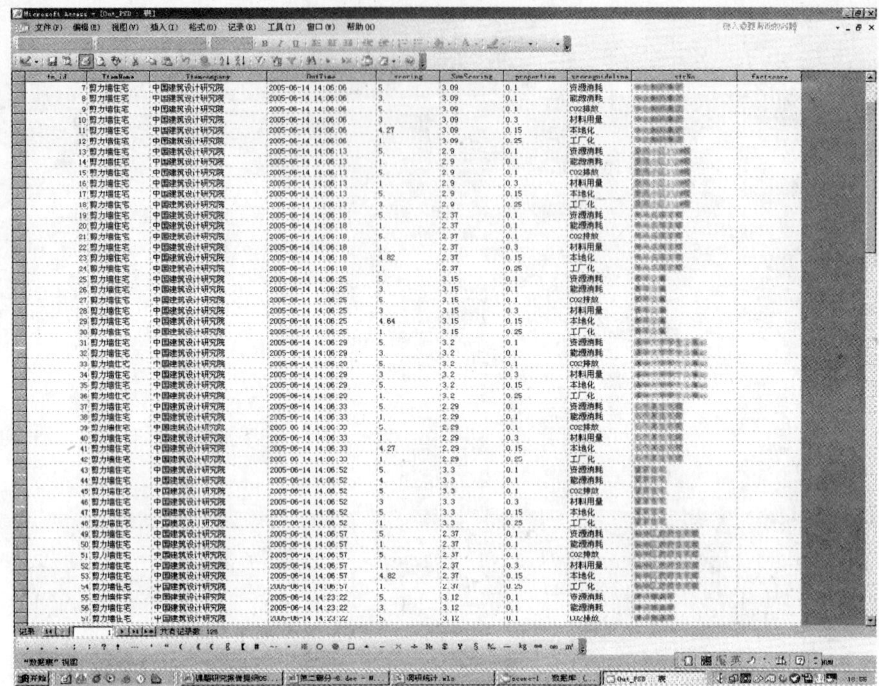

Microsoft Access - [Out_PSD : 表]

文件(F) 编辑(E) 视图(V) 插入(I) 格式(O) 记录(R) 工具(T) 窗口(W) 帮助(H)

fm_id	ItemName	Itemcompany	OutTime	scoring	SumScoring	proportion	scoreguideline	strNo	factscore
7	剪力墙住宅	中国建筑设计研究院	2005-06-14 14:06:06	5.	3.09	0.1	资源消耗		
8	剪力墙住宅	中国建筑设计研究院	2005-06-14 14:06:06	3.	3.09	0.1	能源消耗		
9	剪力墙住宅	中国建筑设计研究院	2005-06-14 14:06:06	5.	3.09	0.1	CO2排放		
10	剪力墙住宅	中国建筑设计研究院	2005-06-14 14:06:06	3	3.09	0.3	材料用量		
11	剪力墙住宅	中国建筑设计研究院	2005-06-14 14:06:06	4.27	3.09	0.15	本地化		
12	剪力墙住宅	中国建筑设计研究院	2005-06-14 14:06:06	1.	3.09	0.25	工厂化		
13	剪力墙住宅	中国建筑设计研究院	2005-06-14 14:06:13	5.	2.9	0.1	资源消耗		
14	剪力墙住宅	中国建筑设计研究院	2005-06-14 14:06:13	1.	2.9	0.1	能源消耗		
15	剪力墙住宅	中国建筑设计研究院	2005-06-14 14:06:13	5.	2.9	0.1	CO2排放		
16	剪力墙住宅	中国建筑设计研究院	2005-06-14 14:06:13	1	2.9	0.3	材料用量		
17	剪力墙住宅	中国建筑设计研究院	2005-06-14 14:06:13	5.	2.9	0.15	本地化		
18	剪力墙住宅	中国建筑设计研究院	2005-06-14 14:06:13	3.	2.9	0.25	工厂化		
19	剪力墙住宅	中国建筑设计研究院	2005-06-14 14:06:18	5.	2.37	0.1	资源消耗		
20	剪力墙住宅	中国建筑设计研究院	2005-06-14 14:06:18	1	2.37	0.1	能源消耗		
21	剪力墙住宅	中国建筑设计研究院	2005-06-14 14:06:18	5.	2.37	0.1	CO2排放		
22	剪力墙住宅	中国建筑设计研究院	2005-06-14 14:06:18	1	2.37	0.3	材料用量		
23	剪力墙住宅	中国建筑设计研究院	2005-06-14 14:06:18	4.82	2.37	0.15	本地化		
24	剪力墙住宅	中国建筑设计研究院	2005-06-14 14:06:18	1.	2.37	0.25	工厂化		
25	剪力墙住宅	中国建筑设计研究院	2005-06-14 14:06:25	5.	3.15	0.1	资源消耗		
26	剪力墙住宅	中国建筑设计研究院	2005-06-14 14:06:25	3.	3.15	0.1	能源消耗		
27	剪力墙住宅	中国建筑设计研究院	2005-06-14 14:06:25	5.	3.15	0.1	CO2排放		
28	剪力墙住宅	中国建筑设计研究院	2005-06-14 14:06:25	3	3.15	0.3	材料用量		
29	剪力墙住宅	中国建筑设计研究院	2005-06-14 14:06:25	4.64	3.15	0.15	本地化		
30	剪力墙住宅	中国建筑设计研究院	2005-06-14 14:06:25	1.	3.15	0.25	工厂化		
31	剪力墙住宅	中国建筑设计研究院	2005-06-14 14:06:29	5.	3.2	0.1	资源消耗		
32	剪力墙住宅	中国建筑设计研究院	2005-06-14 14:06:29	3.	3.2	0.1	能源消耗		
33	剪力墙住宅	中国建筑设计研究院	2005-06-14 14:06:20	5.	3.2	0.1	CO2排放		
34	剪力墙住宅	中国建筑设计研究院	2005-06-14 14:06:29	3	3.2	0.3	材料用量		
35	剪力墙住宅	中国建筑设计研究院	2005-06-14 14:06:29	5.	3.2	0.15	本地化		
36	剪力墙住宅	中国建筑设计研究院	2005-06-14 14:06:20	1.	3.2	0.25	工厂化		
37	剪力墙住宅	中国建筑设计研究院	2005-06-14 14:06:33	5.	2.29	0.1	资源消耗		
38	剪力墙住宅	中国建筑设计研究院	2005-06-14 14:06:33	1.	2.29	0.1	能源消耗		
39	剪力墙住宅	中国建筑设计研究院	2005 00 14 14:00:30	5.	2.29	0.1	CO2排放		
40	剪力墙住宅	中国建筑设计研究院	2005-06-14 14:06:33	1	2.29	0.3	材料用量		
41	剪力墙住宅	中国建筑设计研究院	2005-06-14 14:06:33	4.27	2.29	0.15	本地化		
42	剪力墙住宅	中国建筑设计研究院	2005 00 14 14:00:30	1.	2.29	0.25	工厂化		
43	剪力墙住宅	中国建筑设计研究院	2005-06-14 14:06:52	5.	3.3	0.1	资源消耗		
44	剪力墙住宅	中国建筑设计研究院	2005-06-14 14:06:52	4.	3.3	0.1	能源消耗		
45	剪力墙住宅	中国建筑设计研究院	2005-06-14 14:06:52	5.	3.3	0.1	CO2排放		
46	剪力墙住宅	中国建筑设计研究院	2005-06-14 14:06:52	3	3.3	0.3	材料用量		
47	剪力墙住宅	中国建筑设计研究院	2005-06-14 14:06:52	5.	3.3	0.15	本地化		
48	剪力墙住宅	中国建筑设计研究院	2005-06-14 14:06:52	1.	3.3	0.25	工厂化		
49	剪力墙住宅	中国建筑设计研究院	2005-06-14 14:06:57	5.	2.37	0.1	资源消耗		
50	剪力墙住宅	中国建筑设计研究院	2005-06-14 14:06:57	1.	2.37	0.1	能源消耗		
51	剪力墙住宅	中国建筑设计研究院	2005-06-14 14:06:57	5.	2.37	0.1	CO2排放		
52	剪力墙住宅	中国建筑设计研究院	2005-06-14 14:06:57	1	2.37	0.3	材料用量		
53	剪力墙住宅	中国建筑设计研究院	2005-06-14 14:06:57	4.82	2.37	0.15	本地化		
54	剪力墙住宅	中国建筑设计研究院	2005-06-14 14:06:57	1.	2.37	0.25	工厂化		
55	剪力墙住宅	中国建筑设计研究院	2005-06-14 14:23:22	5.	3.12	0.1	资源消耗		
56	剪力墙住宅	中国建筑设计研究院	2005-06-14 14:23:22	3.	3.12	0.1	能源消耗		
57	剪力墙住宅	中国建筑设计研究院	2005-06-14 14:23:22	5.	3.12	0.1	CO2排放		

记录: 1 共有记录数: 125

"数据表"视图

图B-3 结构体系评价数据库界面

附录 C　绿色建筑结构评价软件

C1　评价软件的建立

C1.1　软件开发的技术平台

程序开发平台：Microsoft Windows XP

程序开发工具：Microsoft Visual Basic 6.0

程序测试平台：Microsoft Windows 98

Microsoft Windows 2000 Server

Microsoft Windows XP Professional

数据库开发平台：Microsoft Windows XP

数据库开发工具：Microsoft SQL Server

Microsoft Office Access 2003

数据库测试平台：Microsoft SQL Server

Microsoft Office Access 2003

C1.2　运行环境

单机环境：

系统环境：Windows98、2000、XP；Microsoft Office Access

多机环境：

系统环境：前台：Windows98、2000、XP；

后台：Windows2000 操作系统、SQL 2000 数据库

硬件环境：CPU：PIII450 以上；RAM：128M 以上；硬盘：1G 以上

C1.3　编写目的

实现建筑结构绿色评价的快捷、准确、自动化。

通过系统来管理建筑结构设计和选型，进行全过程控制管理。

通过系统的应用以掌握建筑结构的技术发展方向，促进结构技术的正确发展。

C1.4 数据库描述

建筑结构绿色评价体系要求数据库能快速地检索、排序和组合；并且对数据的准确性、实时性、安全性、并发性要求较高。综合以上因素，本系统多用户系统必须选用网络版 SQL 2000 数据库以便支持多线程等性能。为方便单用户的灵活操作，单用户系统选用 Access 数据库。数据流程详图 C－1。

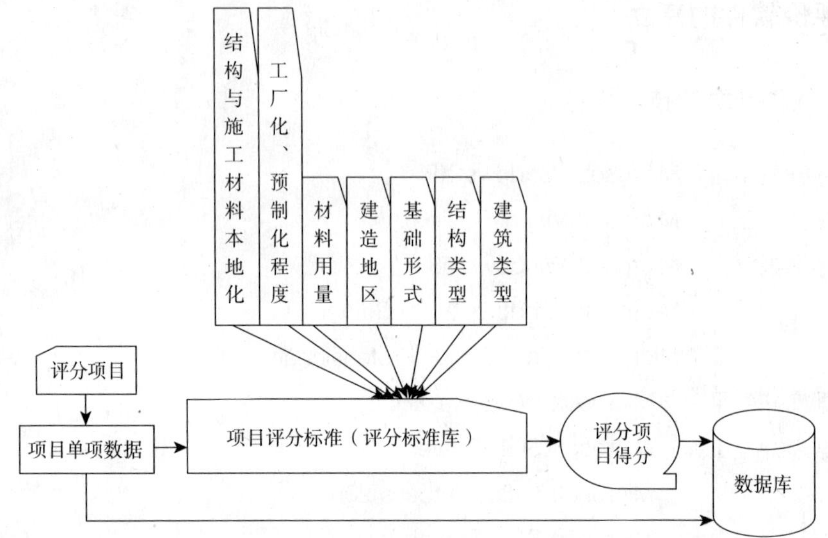

图 C－1 数据流程图（事务流程图）

C1.5 建筑结构绿色评价体系具体功能描述

1. 系统管理模块

为系统管理员提供用户管理、员工管理、部门管理、日志管理等功能。

2. 评价体系评分基础信息管理

评价体系评分基础信息管理的需求具体体现在各种信息的提供、保存、更新和查询等方面。提供了评价指标设置、建筑类型设置、结构类型设置、基础形式设置、建造地区设置、计算公式设置、评分标准设置、所占比例设置、评价体系指标信息设置等功能。

3. 项目评分信息管理

项目评分信息管理的需求具体体现在各种信息的提供、保存、更新和查询等方面。项目管理基础信息设置、评价项目信息录入、评价项目录入管理、评价项目得分输出、评价项目得分管理等功能。

C2 评价软件的使用

评价软件的特点是，进行结构体系评价时，可以同时将基础数据与评价结果录入数据库，建立评价结果数据库，为评价体系数据的调整与更新提供依据。

C2.1 登录窗口

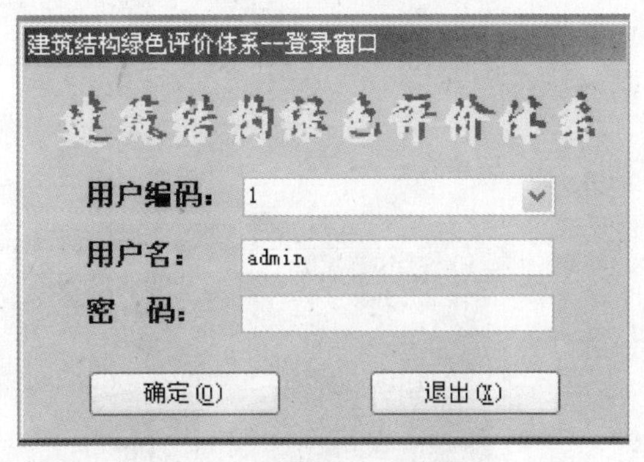

图C-2 评价软件登录窗口

为方便软件数据库的管理，每个使用者在进行评价之初，都要通过登录窗口建立用户名、用户编码，并输入规定的密码后，方可进入正式的评价软件界面。

C2.2 评价项目的信息录入

登录评价软件主窗口后，首先点击“评价项目信息录入”项（图C-3），进入“项目入档”界面（图C-4），进行被评价项目基本信息的录入，包括被评价项目的名

图C-3 评价软件主窗口

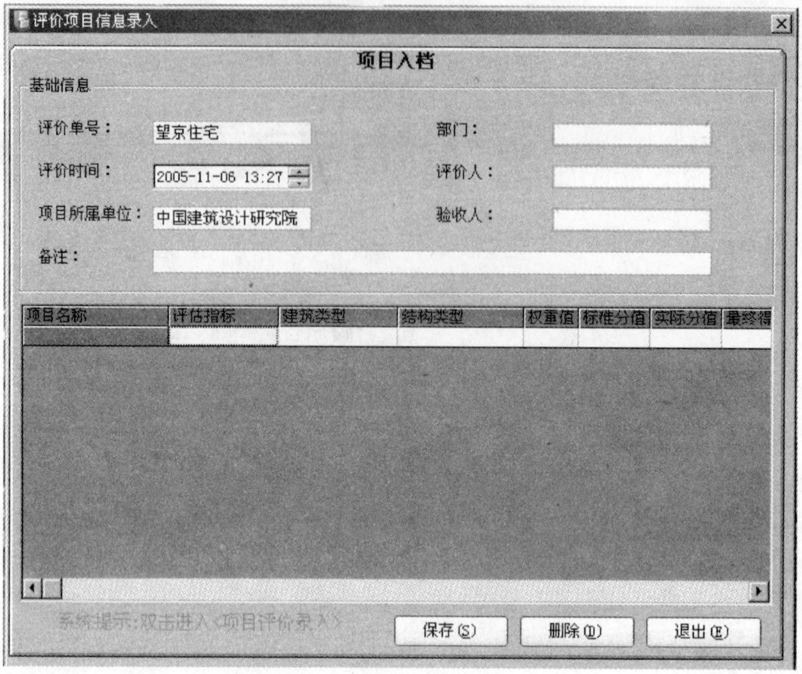

图 C－4 “项目入档”界面

称，以及所属单位或设计单位信息，以确保项目的建档管理；入档信息建立完成后，双击界面进入“初始信息录入”界面（图C－5），输入被评价建筑的初始信息，包括建筑类型、结构类型、基础形式、建造地区四项；之后进入“评价信息录入”界面（图C－6），输入材料用量、建材运输距离和构件预制化程度的评价信息。当上述信息均输入完成后，即可点击“离开”和“保存”按钮，离开“评价项目信息录入”项。

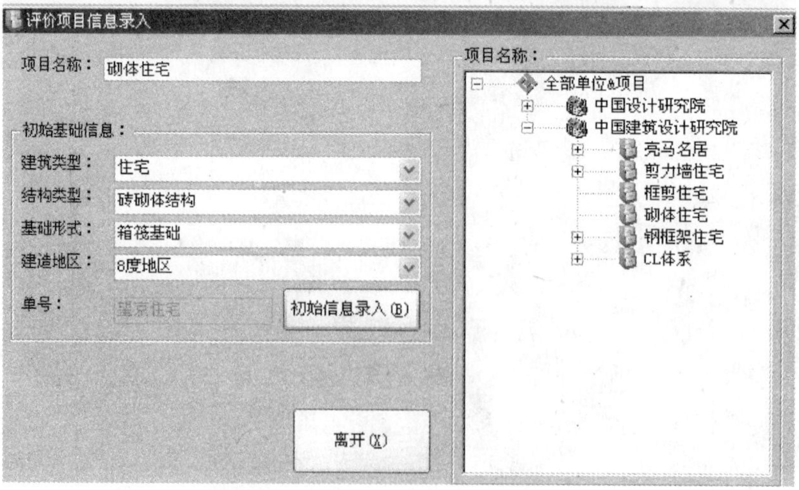

图 C－5 “初始信息录入”界面

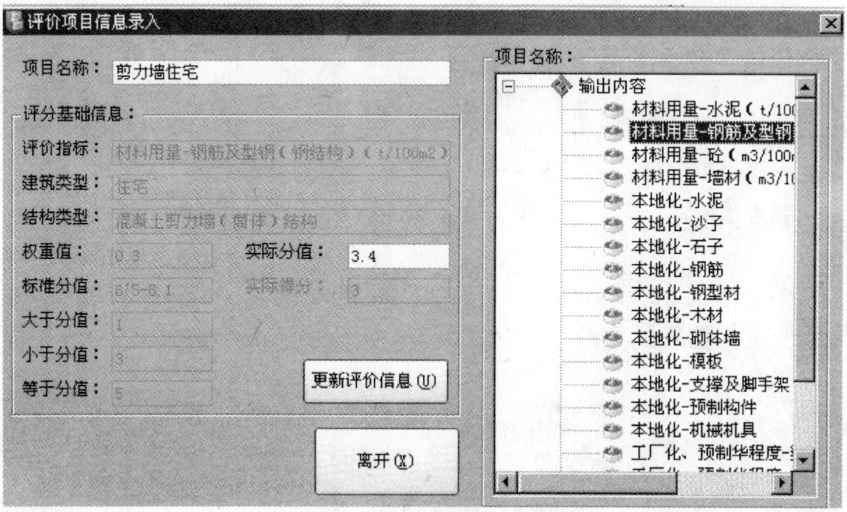

图 C-6 “评价信息录入”界面

如果需要查询录入的信息是否正确，可点击“评价项目录入管理”项，进行查询或打印的操作（图 C-7）。如果对评分标准项进行过修改，则需在“评价项目录入管理”项中执行删除单条或单项的删除工作后，再进入“初始信息录入”界面重新进行某条或某项目的信息输入，方可执行评分标准的更改。

图 C-7 “评价项目录入管理”界面

C2.3 评价项目的评价输出

在完成评价项目的信息输入后，即可进入“项目得分输出”界面（图C－8）。在该界面中，既可查到每项评价指标的得分，也可查到总得分情况。

如果需要查询以前输入的项目得分信息，可点击“评价输出单管理”项，进行查询或打印的操作（图C－9）。

C2.4 评价指标信息的更改

随着情况的变更，评价指标的项目内容和评价标准必然也要随之调整或更改，此时评价者可进入“评价体系指标信息”项（图C－10），对评价指标的项目进行增加或删减，也可对每项指标的评分标准进行修改和调整。

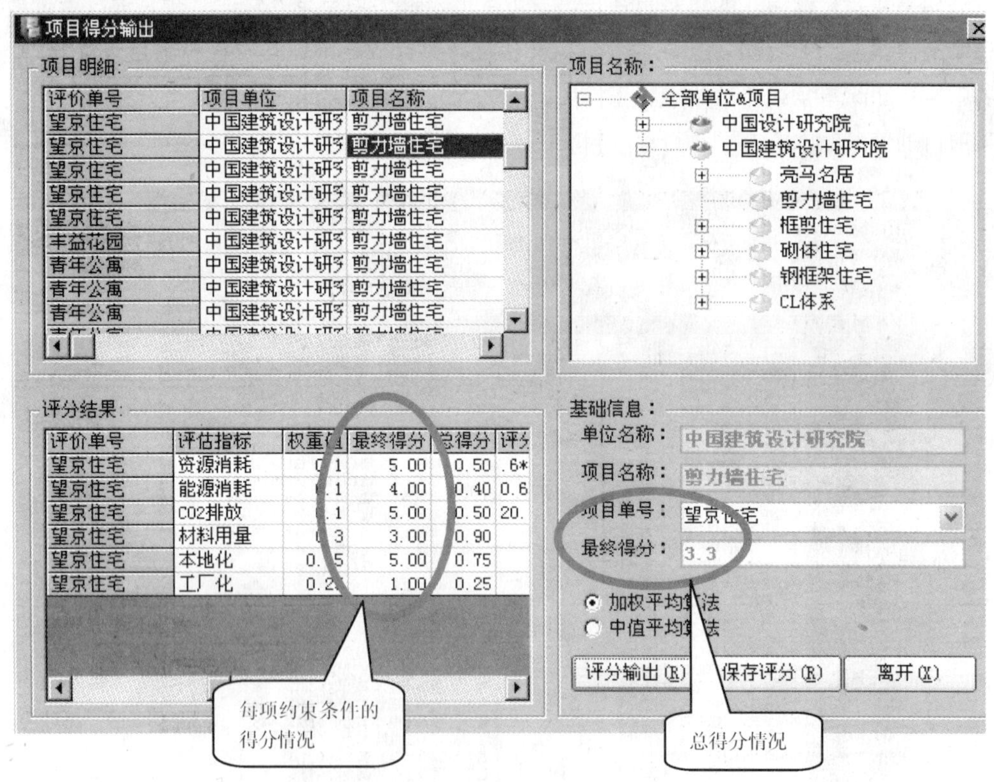

图C－8 “项目得分输出”界面

评价单号	项目单位	项目名称	评估指标	权重值	最终得分	总得分	唯一ID
[illegible]	中国建筑设计研究院	剪力墙住宅	资源消耗	0.1	5.	3.12	55
[illegible]	中国建筑设计研究院	剪力墙住宅	能源消耗	0.1	3.	3.12	56
[illegible]	中国建筑设计研究院	剪力墙住宅	CO2排放	0.1	5.	3.12	57
[illegible]	中国建筑设计研究院	剪力墙住宅	材料用量	0.3	3	3.12	58
[illegible]	中国建筑设计研究院	剪力墙住宅	本地化	0.15	4.45	3.12	59
[illegible]	中国建筑设计研究院	剪力墙住宅	工厂化	0.25	1.	3.12	60
[illegible]	中国建筑设计研究院	剪力墙住宅	资源消耗	0.1	5.	2.4	61
[illegible]	中国建筑设计研究院	剪力墙住宅	能源消耗	0.1	1.	2.4	62
[illegible]	中国建筑设计研究院	剪力墙住宅	CO2排放	0.1	5.	2.4	63
[illegible]	中国建筑设计研究院	剪力墙住宅	材料用量	0.3	1	2.4	64
[illegible]	中国建筑设计研究院	剪力墙住宅	本地化	0.15	5.	2.4	65
[illegible]	中国建筑设计研究院	剪力墙住宅	工厂化	0.25	1.	2.4	66
[illegible]	中国建筑设计研究院	剪力墙住宅	资源消耗	0.1	5.	3.2	67
[illegible]	中国建筑设计研究院	剪力墙住宅	能源消耗	0.1	3.	3.2	68
[illegible]	中国建筑设计研究院	剪力墙住宅	CO2排放	0.1	5.	3.2	69
[illegible]	中国建筑设计研究院	剪力墙住宅	材料用量	0.3	3	3.2	70
[illegible]	中国建筑设计研究院	剪力墙住宅	本地化	0.15	5.	3.2	71
[illegible]	中国建筑设计研究院	剪力墙住宅	工厂化	0.25	1.	3.2	72
[illegible]	中国建筑设计研究院	框剪住宅	资源消耗	0.1	5.	2.55	73
[illegible]	中国建筑设计研究院	框剪住宅	能源消耗	0.1	3.	2.55	74
[illegible]	中国建筑设计研究院	框剪住宅	CO2排放	0.1	5.	2.55	75
[illegible]	中国建筑设计研究院	框剪住宅	材料用量	0.3	1	2.55	76
[illegible]	中国建筑设计研究院	框剪住宅	本地化	0.15	4.64	2.55	77
[illegible]	中国建筑设计研究院	框剪住宅	工厂化	0.25	1.	2.55	78
[illegible]	中国建筑设计研究院	剪力墙住宅	资源消耗	0.1	5.	3.55	79
[illegible]	中国建筑设计研究院	剪力墙住宅	能源消耗	0.1	1.	3.55	80
[illegible]	中国建筑设计研究院	剪力墙住宅	CO2排放	0.1	5.	3.55	81
[illegible]	中国建筑设计研究院	剪力墙住宅	材料用量	0.3	5	3.55	82

图 C－9 “评价输出单管理”界面

评价体系指标信息
评分标准
材料用量-水泥（t/100m2）
材料用量-钢筋及型钢（钢结构）（t/100m2）
别墅
砖砌体结构8度
砖砌体结构7度
砖砌体结构6度
小砌块砌体结构8度
小砌块砌体结构7度
混凝土框架结构6度
混凝土框架-剪力墙（筒体）结构8度
混凝土框架-剪力墙（筒体）结构7度
混凝土框架-剪力墙（筒体）结构6度
混凝土剪力墙（筒体）结构8度
混凝土剪力墙（筒体）结构7度
混凝土剪力墙（筒体）结构6度
钢框架（框剪）结构8度
钢框架（框剪）结构7度
钢框架（框剪）结构6度
CL体系8度
CL体系7度
详细信息
评价名称： 材料用量-钢筋及型钢（钢结构）（
所属评价指标： 材料用量
权重值： 0.3
建筑类型： 别墅
结构类型： 砖砌体结构8度
标准分值区间： 2.8-4.2
大于分值得分： 1
小于分值得分： 5
等于分值得分： 3
计算标志：
详细说明：
增加(A) 删除(D) 返回(Q)
修改(E) 更新(U)

图 C－10 “评价体系指标信息”界面

C2.5　约束条件和权重值的更改

由于不同地区的发达程度、建造水平不同，因此在做建筑结构绿色评价时，对每项指标的重视程度也不相同，此时作为评价者，可以对权重值进行调整。即进入“系统设置”中的“评价指标”项，进行权重值的调整或对约束条件进行增减（图C－11）。

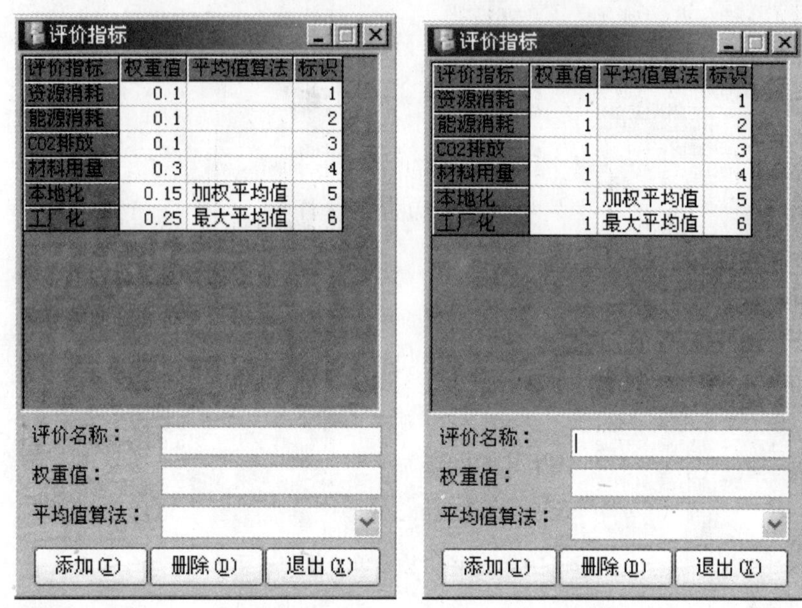

评价指标	权重值	平均值算法	标识
资源消耗	0.1		1
能源消耗	0.1		2
CO2排放	0.1		3
材料用量	0.3		4
本地化	0.15	加权平均值	5
工厂化	0.25	最大平均值	6

评价指标	权重值	平均值算法	标识
资源消耗	1		1
能源消耗	1		2
CO2排放	1		3
材料用量	1		4
本地化	1	加权平均值	5
工厂化	1	最大平均值	6

（a）权重值修改前　　（b）权重值修改后

图C－11　“评价指标”界面

C3　案例计算与分析

C3.1　合肥地区砌体结构住宅建筑

对合肥地区的某栋砌体单体建筑进行结构体系的绿色评价。该建筑为多层住宅，2003年建成，7度抗震烈度，建筑面积5700m^2，地上6层，地下2层，条形基础，层高3m，多孔黏土砖结构；每百平方米建筑面积用水泥6.25t，钢筋2.12t，混凝土17.9m^3，多孔黏土砖墙体38m^3；材料、施工机械的运输距离均在50km以内；无预制化构件。评价结果如图C－12；总得分21，绿色度等级为B级。

对评价结果进行分析。对于砌体结构，墙材用量是影响资源消耗指标的主要因素；对于能源消耗和CO_2排放量两项指标，水泥、钢筋和墙材用量的影响因子接近。该结构的墙体材料用量比平均用量26.2m^3/100m^{2}多出45%左右，但钢筋与水泥均比平均用量小，因此资源消耗指标不理想，能源消耗和 CO_2 排放量两项指标则较好。

对于砌体结构，墙材用量与建筑形式关系很大，因此要求在建筑方案阶段，尽可能减少墙长，增加建筑体形的规则性，减小建筑体形系数。

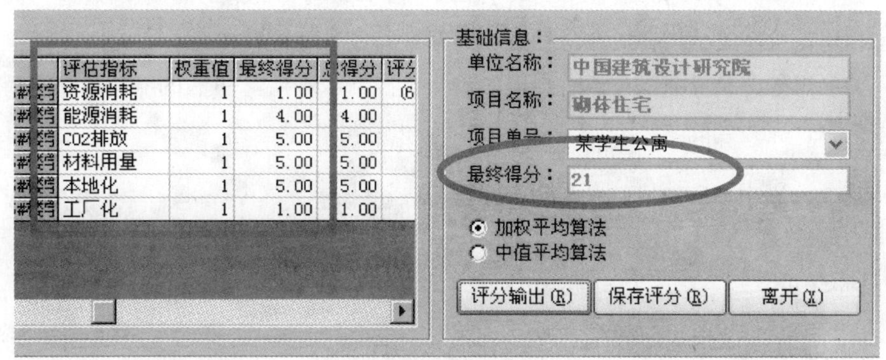

图 C－12　评价结果

C3.2　北京地区抗震墙结构住宅建筑

对北京地区的某栋抗震墙单体建筑进行结构体系的绿色评价。该建筑为高层住宅，2002 年建成，8 度抗震烈度，建筑面积 84542m²，地上 20～25 层，地下 2 层，箱筏基础，层高 3m，现浇钢筋混凝土抗震墙结构；每百平方米建筑面积用水泥 23.3t，钢筋 10.6t，混凝土 59.1m³，陶粒空心砌块填充墙体 2.33m³；材料、模板的运输距离均在 50km 以内，施工机械的运输距离均在 50～100km 以内；无预制化构件。评价结果如图 C－13；总得分 11.82，绿色度等级为 D 级。

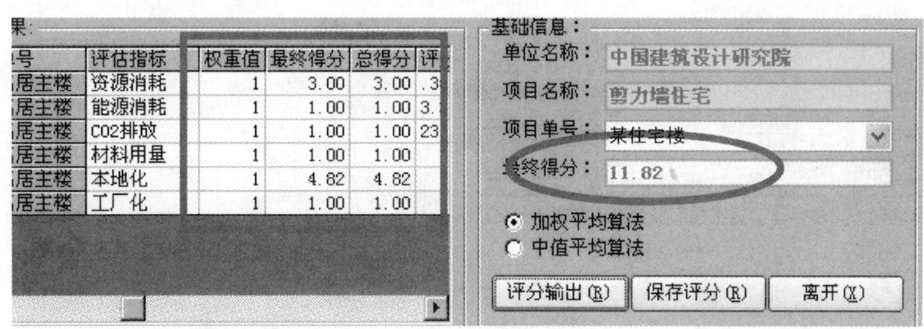

图 C－13　评价结果

对其未达标的原因进行分析。由于钢材用量是影响能源消耗指标的重要因素，远大于填充墙材的影响，而本结构体系的用钢量又比平均用钢量 7.3t/100m² 多出 45% 左右，因此能源消耗指标未达标，同样材料用量指标和 CO_2 排放量指标得分情况也较差；

对于资源消耗指标而言，水泥用量是主要影响因素，而本结构体系的水泥用量比平均用量25.3t/100m^{2}少8%左右，因此该项指标得分相对较好。

对该结构进行调整。在其他初始信息不变的情况下，减小结构用钢量至8.1t/100m^{2}时，总得分为15.82（图C－14），绿色度等级为C级。须注意的是，与其他结构体系相比，抗震墙结构在能源消耗指标的控制上自身就存在弱势，因此对于该类建筑结构，如果想取得较好的绿色评价结果，应主要控制水泥用量和钢材用量，即尽量使结构体型规则，受力合理。

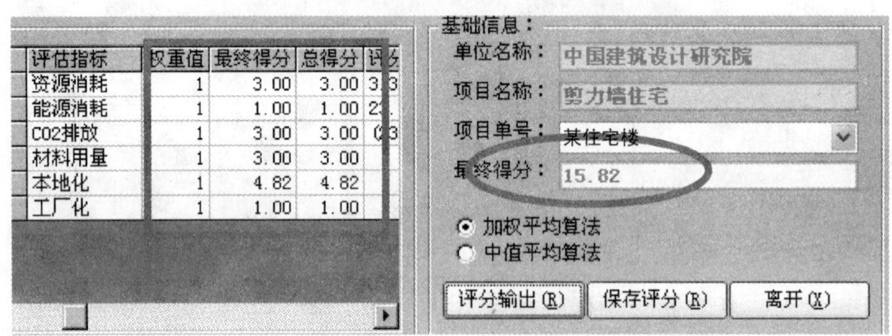

图C－14　调整后的评价结果

对北京地区的另一栋抗震墙单体建筑进行结构体系的绿色评价。该建筑为高层住宅，2006年建成，8度抗震烈度，建筑面积29033m^2，地上25层，地下2层，箱筏基础，层高2.9m，现浇钢筋混凝土抗震墙结构；每百平方米建筑面积用水泥16.9t，钢筋5.88t，混凝土45m^3，加气砌块填充墙体5.8m^3；材料、模板的运输距离均在50km以内，施工机械的运输距离均在50～100km以内；无预制化构件。评价结果如图C－15；总得分21.27，绿色度等级为B级。

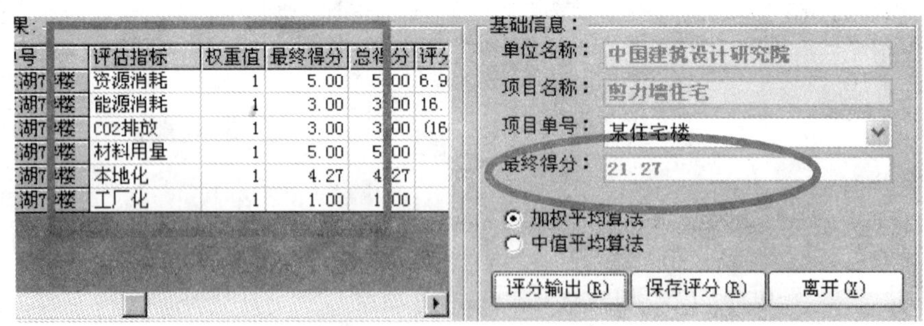

图C－15　评价结果

该工程设计中充分考虑了建筑户型与结构构件布置的关系，采用了大开间体系，在材料选择上尽可能选用高强钢材（三级钢），通过上述技术选型，降低结构的材料用量及能耗指标，提高了结构的绿色度。如果再提高构件的工厂化预制程度，例如焊接钢筋网片技术，预制外挂装饰墙板技术等，可以更好地提高该类结构的绿色度。

C3.3 沈阳地区小砌块结构建筑

对沈阳地区的某栋小砌块住宅建筑进行结构体系的绿色评价。该建筑为多层住宅，2000 年建成，7 度抗震烈度，建筑面积 2890m^2，地上 7 层，独立条基，小砌块结构；每百平方米建筑面积用水泥 12.5t，钢筋 1.9t，墙体 17.1m^3；材料、模板的运输距离均在 50km 以内，施工机械的运输距离均在 50～100km 以内；楼板为预应力空心楼板，其余为非预制化构件。评价结果如图 C－16；总得分 27.27，绿色度等级为 A 级。

对评价结果进行分析。由于小砌块类结构的能耗指标均普遍好于其他结构，而且该建筑的用钢量与墙材用量又低于平均值，因此能耗与材料用量指标均较好，总得分较高。

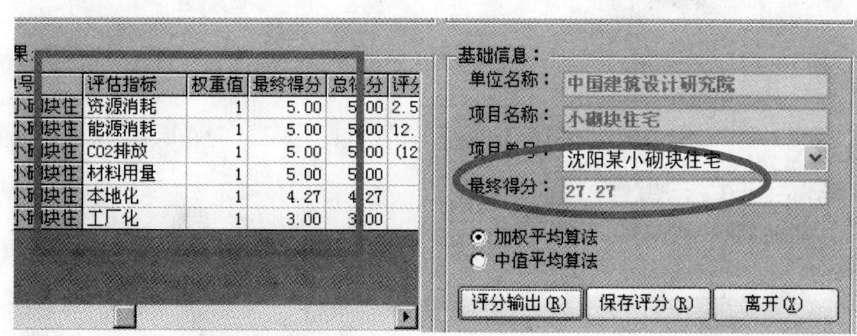

图 C－16 评价结果

C3.4 北京地区钢框架结构建筑

对北京地区的某栋钢框架单体建筑进行结构体系的绿色评价。该建筑为高层住宅，2002 年建成，8 度抗震烈度，建筑面积 7200m^2，地上 6 层，独立基础，钢框架结构；每百平方米建筑面积用水泥 10.9t，钢筋 1.44t，型钢 6.73t，加气砌块填充墙体 10.18m^3；材料、施工机械的运输距离均在 50km 以内；梁、柱为工厂加工构件，其余为非预制化构件。评价结果如图 C－17；总得分 26，绿色度等级为 A 级。

对评价结果进行分析。该结构的用钢量略高于平均值，但在合理值范围内，因此能量消耗与材料用量指标略低；但由于钢结构工厂化程度较好，因此总得分较高。

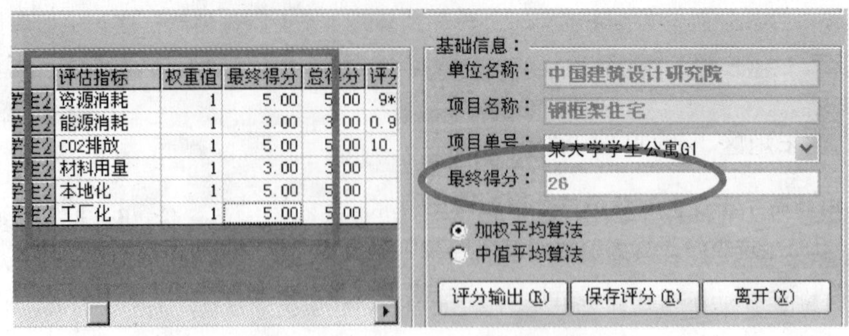

图 C－17 评价结果

C4 评价软件技术手册

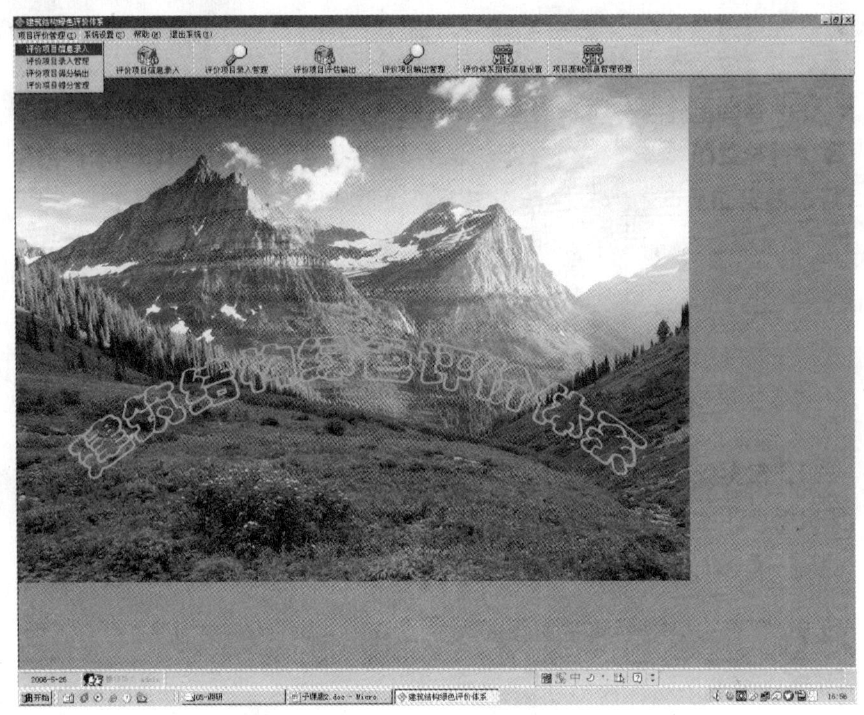

图 C－18 软件界面

该软件共包含 4 个下拉菜单和 7 个快捷目录。4 个下拉菜单分别是项目评价管理、系统设置、帮助、退出系统。7 个快捷目录分别是退出系统、评价项目信息录入、评价项目信息管理、评价项目评估输出、评价项目输出管理、评价体系指标信息设置、项目基础信息管理设置（图 C－18）。作为一般的应用者，使用 7 个快捷目录就可以完成结构体系的绿色评价与数据库的建立。如果作为评价体系的管理者，则可通过系统设置的下拉菜单来完成各类评价指标的修改、数据库的管理等操作程序。其中下拉菜单中包含了所有的快捷目录，详图 C－19。下面分别介绍下拉菜单中各项命令的操作方式。

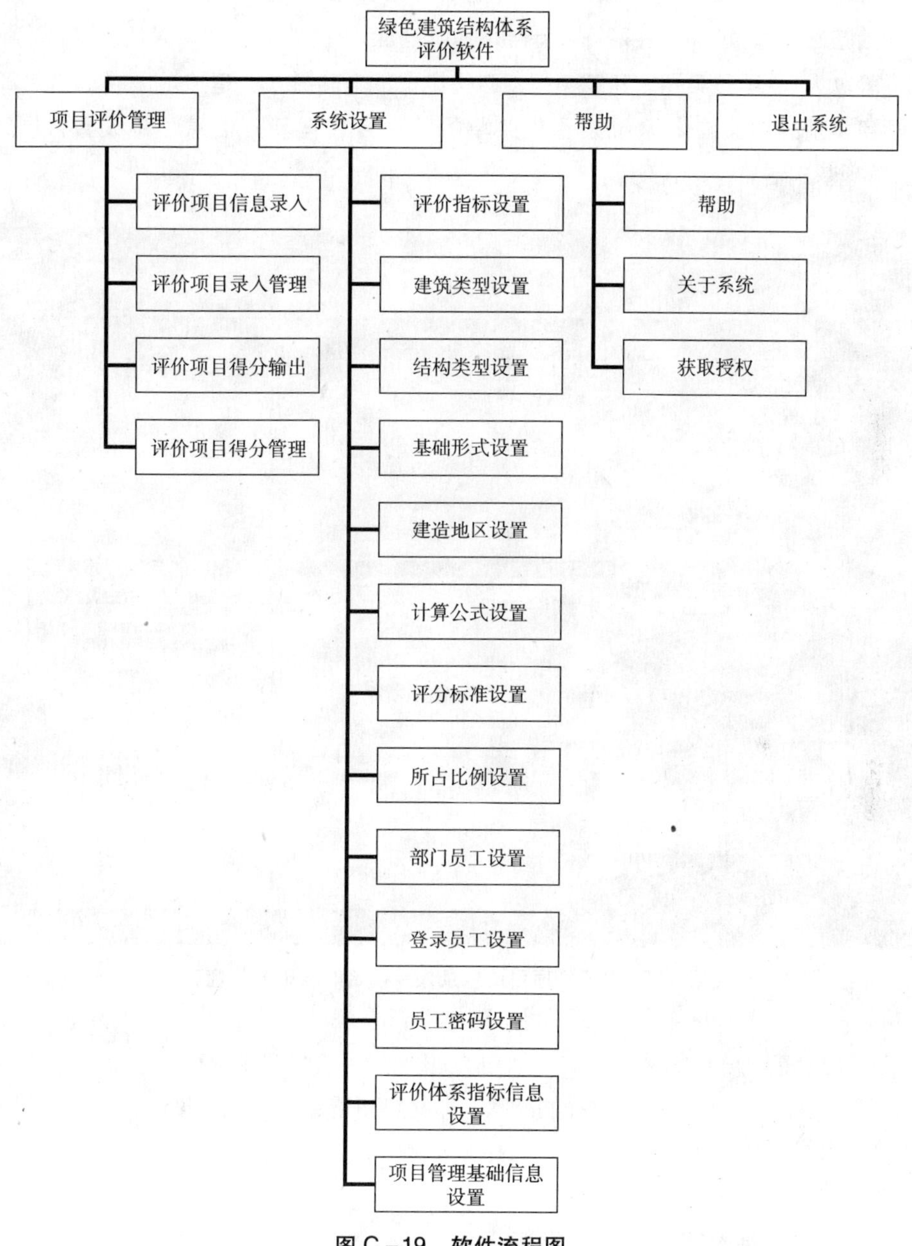

图 C－19　软件流程图

C4.1 项目评价管理

1. 评价项目信息录入

此菜单中，主要用来输入被评价项目的初始基础信息和评价信息。

初始基础信息中包括项目名称、评价时间、项目所属单位、评价人信息（部门、评价人、验收人）、项目类别、建筑类型、结构类型、基础形式、建造地区（图C－20）。其中项目类别的定义在“系统设置”菜单的“项目管理基础信息”中设置，具体详“项目管理基础信息”的说明。

图C－20 “评价项目信息录入－初始信息录入”窗口

完成初始基础信息的录入后，即可进入下一步评价信息的录入。在评价信息菜单中，包括所有评价指标的基础数据的录入，即材料用量、本地化程度、预制化程度的基础数据（图C－21）。

完成上述操作后，保存数据并离开。

2. 评价项目录入管理

此项菜单主要用于所有已录入项目的录入信息查询和打印。查询输入条件包括：起始时间、项目单位、项目类别、项目名称。选定查询条件后，点击“查询”按钮后，即

图 C-21 “评价项目信息录入-评价信息录入”窗口

可获得所查项目信息（图 C-22）。如果项目的输入评价信息有误，则可点击“删除”按钮，进行单项或批量删除。删除后的项目需再回到“评价项目信息录入”菜单中将删除的信息重新定义输入。

该项菜单还可形成项目录入数据库 Score. mdb。

3. 评价项目得分输出

此项菜单用于输出评价项目的分项得分与最终得分（即绿色度）。在选定项目类别与项目名称后，点击“评分输出”按钮，即可获得项目的分项得分与最终得分（图 C-23）。点击“保存评分”按钮，即可将项目的分项得分与最终得分保存到下一菜单“评价项目得分管理”中，用于查询与备份。

4. 评价项目得分管理

此项菜单主要用于所有已录入项目的分项得分与最终得分（即绿色度）的查询和打印。查询输入条件包括：起始时间、项目单位、项目类别、项目名称。选定查询条件后，点击“查询”按钮后，即可获得所查项目得分（图 C-24）。如果项目的输入评价信息有调整，则可点击“删除”按钮，进行项目得分删除。删除后的项目需再回到“评

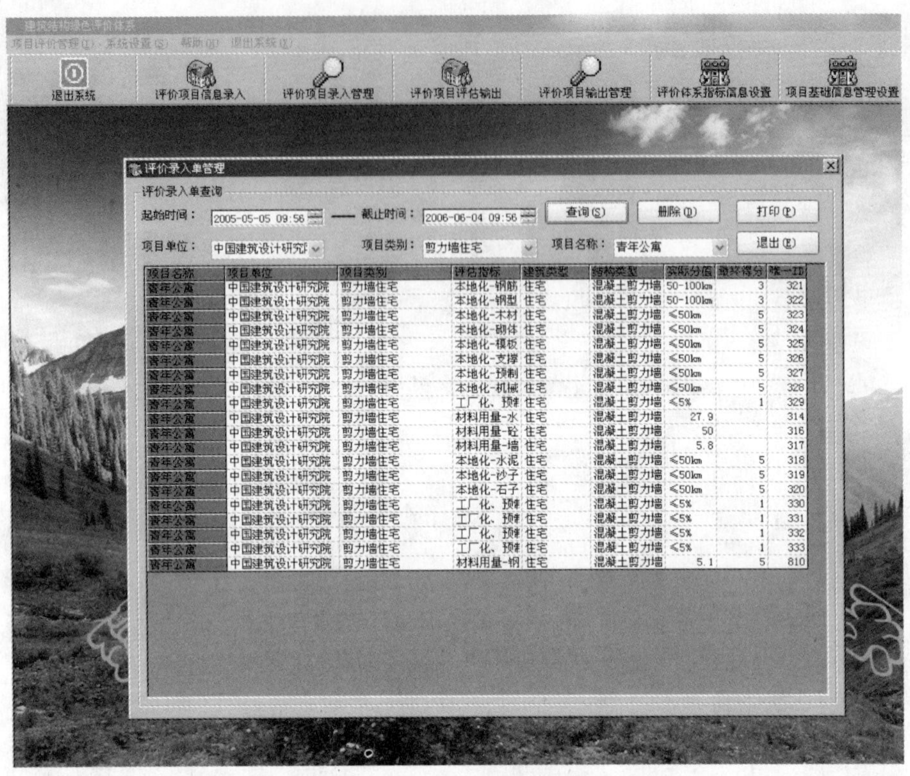

图 C－22 “评价项目录入管理” 窗口

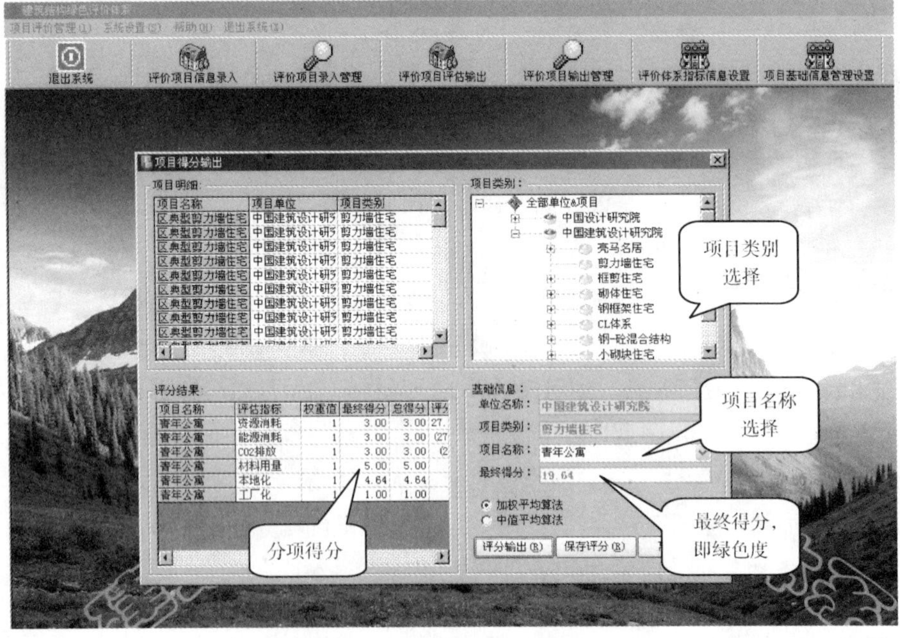

图 C－23 “评价项目得分输出” 窗口

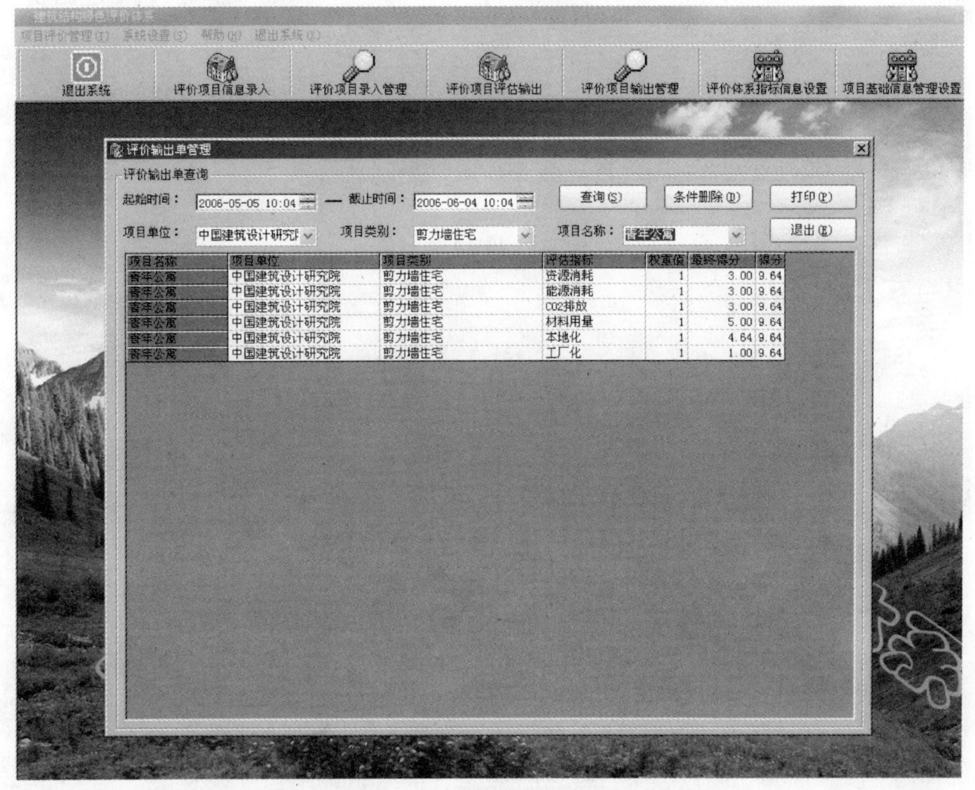

图 C－24 “评价项目得分管理”窗口

价项目得分输出”菜单重新进行得分输出与保存。

该项菜单还可形成项目得分数据库 Score. mdb。

C4. 2 系统设置

1. 评价指标设置

此项菜单功能是设置评价体系的约束层指标及其权重值。由于全国各地的能源资源状况不同，经济水平及建筑业发展水平也差异很大，因此不同的约束层指标的权重值在各个地区应有不同的侧重和技术导向。本菜单即针对此项要求设置（图 C－25）。管理层可以通过本菜单进行评价体系约束层指标的删减和添加，进行权重值的更改。通过此项操作，可以对本地区的结构体系选型从技术层面上进行有侧重的导向，提高本地区建筑结构的绿色度水平。

2. 建筑类型设置

此项菜单功能是设置评价体系一级指标层中的建筑类型。目前本软件中主要设置有：别墅、住宅、公共建筑、大型体育馆、其他（图 C－26）。

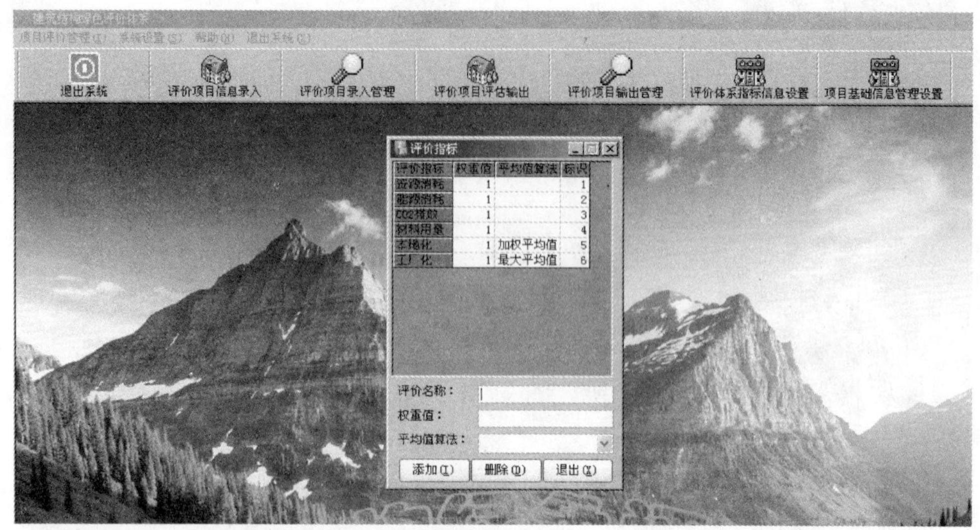

图 C－25 “评价指标设置” 窗口

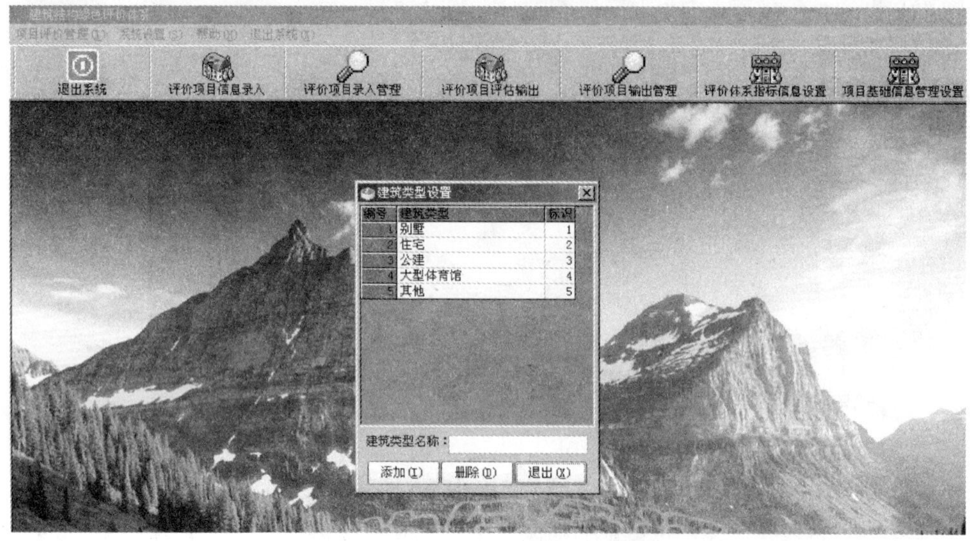

图 C－26 “建筑类型设置” 窗口

3. 结构类型设置

此项菜单功能是设置评价体系一级指标层中的结构类型。目前本软件中主要设置有：砖砌体结构，小砌块砌体结构，混凝土框架结构，混凝土框架－抗震墙（筒体）结构，混凝土抗震墙（筒体）结构，钢－混凝土混合结构，钢框架（框架－抗震墙）结构，大空间钢结构－网架、网壳，大空间钢结构－桁架，大空间钢结构－门式刚架单跨，大空间钢结构－门式刚架双跨，CL 体系（图 C－27）。

图 C－27 “结构类型设置”窗口

4. 基础形式设置

此项菜单功能是设置评价体系一级指标层中的基础形式。目前本软件中主要设置有：独立基础、箱筏基础、桩基（图 C－28）。基础形式与结构的材料用量、环境影响

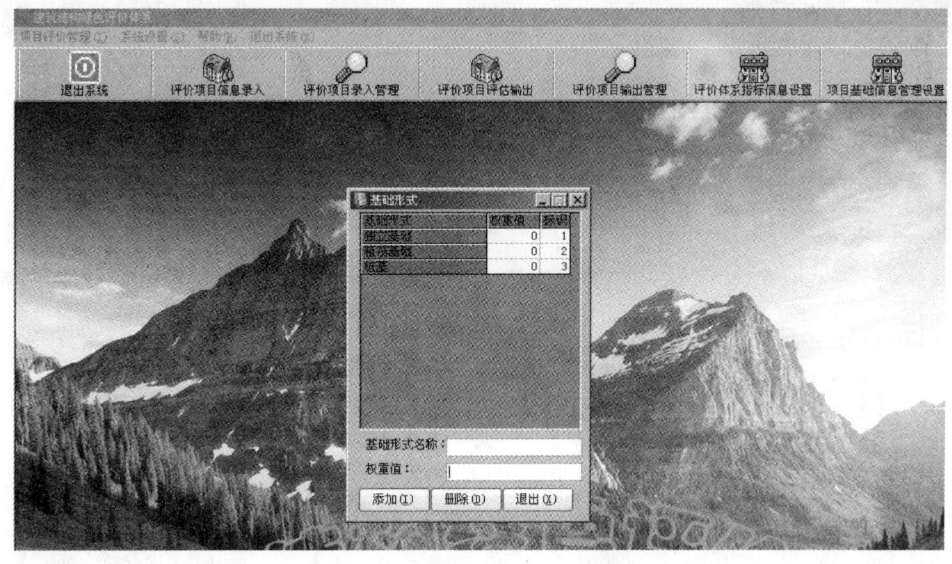

图 C－28 “基础形式设置”窗口

有紧密的联系，但由于目前相关样本数量较少，统计上无法获得较理想的区间值，因此本软件仅对此一级指标进行了预设置，具体评价数值还需通过后期大量的调研统计工作来完成。

5. 建造地区设置

此项菜单功能是设置评价体系一级指标层中的建造地区。目前本软件中主要设置有：非抗震地区、6 度抗震地区、7 度抗震地区、8 度抗震地区、9 度抗震地区（图 C－29）。由于我国 9 度抗震地区较少，房屋建筑更少，因此本软件暂不涉及此方面的评价。

图 C－29 “建造地区设置”窗口

6. 计算公式设置

此项菜单功能是设置能源消耗、资源消耗、CO_2 排放量指标的计算公式（图 C－30）。由于各项指标的计算参数随着技术水平和地区发展的不同，也有所不同，因此程序在此项菜单中具有添加、删除、更新的功能，以满足指标参数的调整功能。

7. 评分标准设置

此项菜单功能是设置能源消耗、资源消耗、CO_2 排放量指标的评分标准（图 C－31）。由于各项指标的取分标准随着技术水平和地区发展的不同，应该也有所不同，因此程序在此项菜单中具有添加、删除、更新的功能，以满足指标取分标准的修改功能。

图 C－30 “计算公式设置”窗口

图 C－31 “评分标准设置”窗口

8. 所占比例设置

此项菜单功能是设置本地化程度和预制化程度两项指标的评分标准（图 C－32）。由于指标的取分标准随着技术水平和地区发展的不同，也有所不同，因此程序在此项菜单中具有添加、删除、更新的功能，以满足指标取分标准的修改功能。

图 C－32 “所占比例设置”窗口

9. 部门员工设置

此项菜单功能是设置输入评价项目的人员状况，便于后期项目数据库的查询和管理（图 C－33）。

图 C－33 “部门员工设置”窗口

10. 登录员工设置

此项菜单功能是设置可进入评价程序的人员级别和登录密码，便于程序的管理。人员级别分为管理员和操作员，不同级别的人可进入不同的菜单目录中（图C－34）。其中管理员可进行项目评价以及各项评价指标的参数修改；操作员只允许进行项目评价与查询。

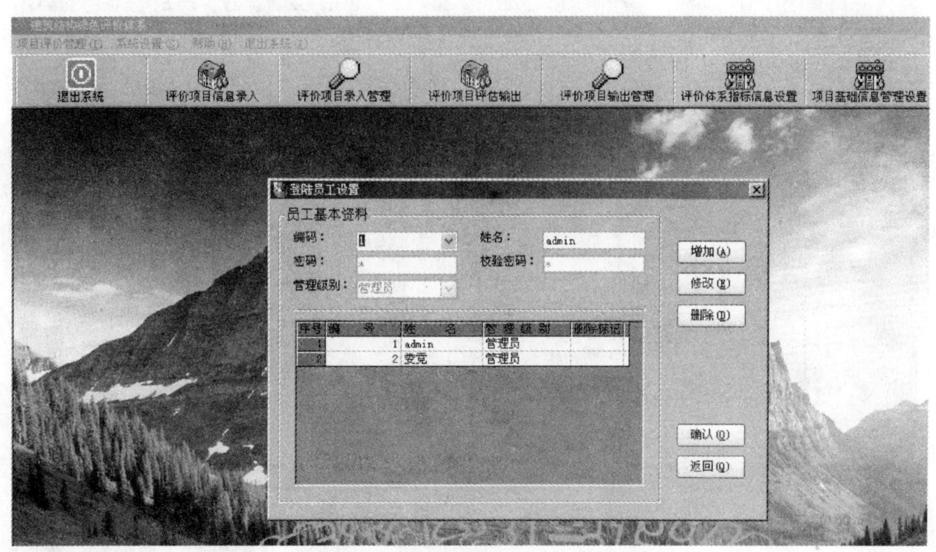

图C－34 “登录员工设置”窗口

11. 员工密码设置

此项菜单功能是修改员工的登录密码（图C－35）。

图C－35 “员工密码设置”窗口

12. 评价体系指标信息设置

此项菜单功能是设置建筑结构的材料用量、本地化程度、预制化程度的二级指标(图C－36)。

图C－36 “评价体系指标信息设置”窗口

13. 项目管理基础信息设置

此项菜单功能是设置评价项目的类别，实现对评价项目的分组管理和查询(图C－37)。

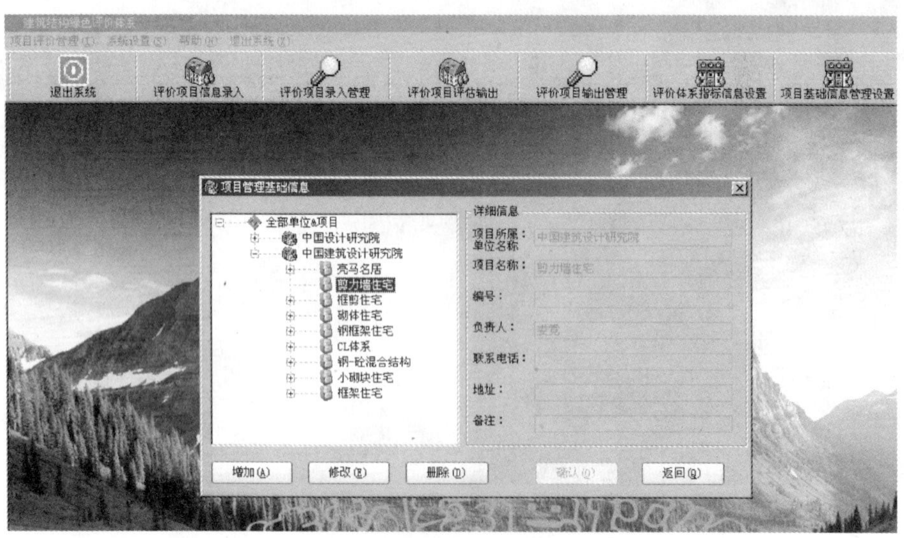

图C－37 “项目管理基础信息设置”窗口

C4.3 帮助与退出

1. 帮助

此项菜单功能有待进一步完善。

2. 关于系统

此项菜单用于显示软件运行系统当前的状态（图 C－38）。

图 C－38 “关于系统”窗口

3. 注册信息

此项菜单用于软件使用者的注册登记（图 C－39）。

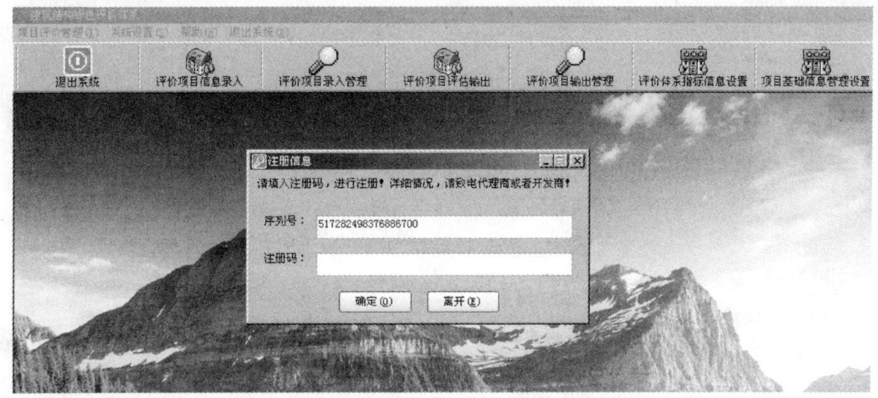

图 C－39 “注册信息”窗口

4. 退出系统

此项菜单用于退出本评价软件的使用（图C-40）。

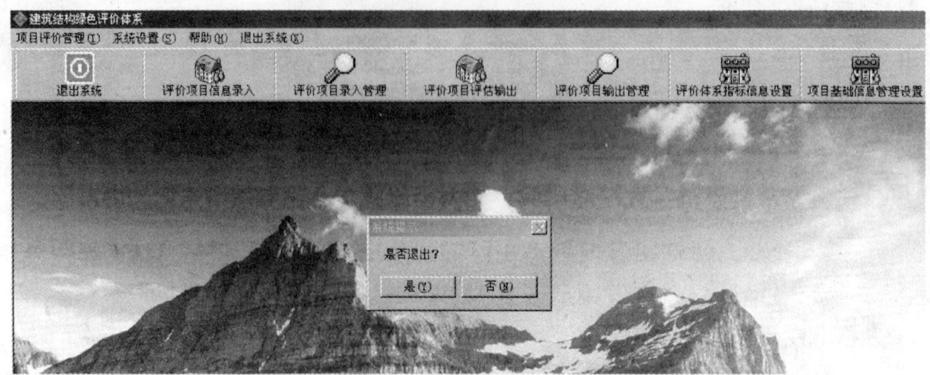

图C-40 “退出系统”窗口

附录 D　绿色建筑的结构选型技术导则

国家住宅与居住环境工程技术研究中心企业标准

绿色建筑的结构选型技术导则

2006 年北京

目 次

总　　则

D0.1　本导则的编制目的是提高建筑结构的绿色性能，提出有效降低建筑结构体系的能源、资源消耗，减少对环境影响的技术手段和合理化建议。

D0.2　本导则适用于城市新建、扩建建筑的结构绿色性能评价、建筑结构设计和建设，也适用于既有建筑的改造、拆除的绿色性能评价、设计和施工。

D0.3　本导则的建筑结构绿色性能，是指建筑物全生命周期中的综合性能，包括所用材料的能源消耗、资源消耗、CO_2 排放量指标，以及结构合理性、材料本地化程度和构件工厂化程度等方面。建筑结构绿色度是建筑结构绿色性能的量化评价结果，绿色度越高，表示绿色性能越好。

D0.4　绿色建筑的结构选型应注重结构体系概念设计，针对当地能源、资源及技术条件，考虑建筑材料、施工方法、使用维护和回收利用等因素，选择合理的结构形式。

D0.5　绿色建筑应适当提高建筑结构的适应性、荷载富裕度，延长建筑结构的生命周期；设备的安装布置应满足使用期间的维修更换要求；使用者不应随意改变房屋的使用功能，增加使用荷载。

D0.6　绿色建筑应提高建筑部件的预制化、工厂化程度，减少施工过程中的资源、能源消耗和环境影响。

D0.7　建筑物的拆除应本着建筑材料重复利用最大化的原则，采用合理的工艺及措施减少建筑垃圾的产生和对环境的影响。

D0.8　绿色建筑的结构设计、施工除满足本导则规定外，尚应符合国家现行有关法规、标准的规定。

D1　绿色建筑体系的结构选型

D1.1　低层建筑

D1.1.1　城镇低层建筑

D1.1.1.1　建筑布局简单、规则时，宜采用砌体结构。

D1.1.1.2　当建筑体形较复杂，开间尺寸较大时，宜采用混凝土小型空心砌块砌体结构或混凝土抗震墙结构。

D1.1.1.3　采用砌体结构时，应优先选用本地化程度较高的节能环保型承重墙体材料，如混凝土小型空心砌块、蒸压灰砂废渣制品、粉煤灰砖、煤矸石砖、植物纤维石膏渣增强砌块等，逐步淘汰黏土砖制品。

D1.1.1.4 在经济技术发达地区，推广采用轻型钢结构体系。

D1.1.1.5 在相关技术成熟地区，应推广采用绿色性能较好的新型结构体系。

D1.1.1.6 选用木结构体系时，应严格控制木材的来源，避免造成对森林系统的毁坏。应发展速生丰产林，使用高强复合工程用木材。

D1.1.2 农村低层建筑

D1.1.2.1 应针对当地能源、资源及技术条件，合理选择绿色性能较好的本地化结构体系。如在富土、富木、富竹、富石地区优先采用土、木、竹、石结构，并应用先进技术提升当地传统建筑的品质。

D1.1.2.2 采用砌体结构时，应优先选用本地化程度较高的节能环保型的承重墙体材料。

D1.2 多层建筑

D1.2.1 多层住宅建筑

D1.2.1.1 建筑布局简单、规则时，宜采用砌体结构或框架结构。

D1.2.1.2 当建筑体系较复杂，开间尺寸较大时，宜优先选用混凝土小型空心砌块砌体结构或框架结构，也可选用钢筋混凝土框架－抗震墙或抗震墙结构。

D1.2.1.3 当建筑平面布置要求灵活，底层有商店等功能需求或要兼顾今后改造的可能时，宜优先采用框架结构。抗震设防烈度不大于7度的地区，可采用异形框轻结构。

D1.2.1.4 采用砌体结构时，应优先选用本地化程度较高的节能环保型的承重墙体材料。

D1.2.1.5 在经济技术发达地区，推广采用轻型钢结构体系。

D1.2.1.6 在相关技术成熟地区，应推广采用绿色性能较好的新型结构体系。

D1.2.2 多层公共建筑

D1.2.2.1 开间小、纵横墙较多的办公、宿舍等公共建筑宜选用框架结构或砌体结构。

D1.2.2.2 设有会议厅、餐厅、商场等大空间的多层公共建筑，以及立面和竖向剖面不规则的多层公共建筑，宜采用钢筋混凝土框架、框架－抗震墙结构。

D1.2.2.3　采用砌体结构时，应优先选用本地化程度较高的节能环保型的承重墙体材料。

D1.2.2.4　采用钢筋混凝土框架、框架－抗震墙结构时，应合理组合建筑空间，减少错层；选用轻型环保、本地化程度高的墙体材料。

D1.2.2.5　经济技术发达地区，推广采用轻型钢结构体系。

D1.2.2.6　在相关技术成熟地区，应推广采用绿色性能较好的新型结构体系。

D1.3　高层建筑

D1.3.1　高层住宅建筑

D1.3.1.1　高层住宅宜采用钢筋混凝土抗震墙结构、框架－抗震墙结构、钢结构及钢－混凝土混合结构。

D1.3.1.2　底层有娱乐、超市、会所等公共服务建筑空间的高层住宅，宜采用钢筋混凝土框架或框架－抗震墙结构，必要时也可采用钢筋混凝土框支－抗震墙结构，抗震设防烈度大于等于8度的地区，不应采用纯框架结构。

D1.3.1.3　高层住宅采用抗震墙结构时，宜选用户内隔断可灵活布置的大开间抗震墙结构。

D1.3.1.4　采用钢结构体系时，宜积极采用高性能钢材，选用轻型环保、本地化程度高的围护材料。

D1.3.1.5　抗震设防烈度大于等于8度地区的高层住宅，推广采用减震隔震技术和措施。

D1.3.2　高层公共建筑

D1.3.2.1　高层公共建筑宜采用钢筋混凝土框架－抗震墙结构、筒体结构、钢结构及钢－混凝土混合结构。

D1.3.2.2　选用钢筋混凝土框架－抗震墙结构时，结构材料应优先选用高强混凝土、高强钢筋和高性能钢材；选用轻型环保、本地化程度高的围护材料。

D1.3.2.3　抗震设防烈度大于等于8度地区的高层公共建筑，特别是重要的公共建筑，以及室内设备仪器贵重的公共建筑，宜采用减震隔震技术和措施。

D1.4　大跨空间建筑

D1.4.1　大跨工业厂房建筑

D1.4.1.1　大跨工业厂房建筑宜采用钢结构体系。

D1.4.1.2 抗震设防地区，厂房建筑体型宜规则、简单，避免高低错落；多跨厂房宜等高布置，以免高振型地震反应对厂房结构产生不利影响；当厂房体形复杂时，应设置防震缝。

D1.4.1.3 当生产过程中散发较多的侵蚀介质时，应根据相关规范要求，选择合适的结构形式，不应采用薄壁型钢结构。

D1.4.1.4 轻工、电子、中小型机械厂、食品厂等轻型钢结构厂房可采用门式刚架结构。

D1.4.1.5 在轻钢工业厂房中，当有较大悬挂荷载或移动荷载时，宜采用网架结构，不宜采用门式刚架结构。

D1.4.1.6 降雪量、降雨量大的地区，屋面曲线应利于积雪滑落或雨水排放。

D1.4.2 大跨公共建筑

D1.4.2.1 大跨公共建筑的结构选型，应注重概念设计，贯彻安全、实用、经济、美观的原则，从全局的角度确定结构的布置及细部措施。

D1.4.2.2 结构形式的剖面应与建筑使用空间相适应，避免不必要的大空间。

D1.4.2.3 应尽量采用新型轻质高强材料，减轻结构自重。

D1.4.2.4 应采用合理的建筑形体，使结构传力途径简捷，提高结构效率，增加结构刚度。

D1.4.2.5 对较大跨度的空间建筑，宜通过施加预应力降低截面尺寸，减少结构材料用量。

D2 绿色建筑结构体系的技术选型

D2.1 砌体结构

砌体结构的绿色性能与技术选型的关联性和要点：砌体结构的能源消耗和 CO_2 排放量指标较好，资源消耗是影响建筑结构绿色性能的主要指标，墙材用量是影响资源消耗指标的主要因素。因此在建筑结构方案阶段，应通过规则建筑体形，减小建筑体形系数，减少墙材用量。

小砌块等新型墙材砌体结构的资源消耗、能源消耗和 CO_2 排放量的综合指标好于传统砌体结构，只要将材料用量控制在合理范围内，即可获得较好的绿色性能。

D2.1.1 砌体结构的材料选择

D2.1.1.1 材料的选择应遵循因地制宜、就地取材的原则，运输半径不宜大于50km。

D2.1.1.2 应优先选用节能环保型墙体材料，如混凝土小型空心砌块、粉煤灰砖、粉煤灰空心砌块、灰砂砖、煤矸石砖、植物纤维工业灰渣混凝土砌块等。宜选用本地工业、矿业、农业废料制成的墙材产品。

D2.1.1.3 鼓励选用装饰、保温、承重一体化的墙材，以简化施工工序，节约施工能耗。

D2.1.2 砌体结构的技术措施

D2.1.2.1 结构布置时，应采取以下技术措施提高建筑结构的绿色性能。

1. 结构布置力求规则、简单，避免采用不规则的体形。
2. 房屋墙体尺寸应符合模数设计，砌体墙段应满足相关规范对局部尺寸限值的要求，不宜采用小墙垛。
3. 8度、9度地区的多层砌体建筑，应避免设置外墙转角窗。
4. 8度、9度地区的多层砌体建筑，不宜采用错层结构，不应连续多个错层。
5. 抗震设防地区，不应采用单排柱内框架结构房屋。
6. 应设置钢筋混凝土圈梁、构造柱或芯柱，加强砌体结构的整体性，提高结构在大震下的抗倒塌能力。
7. 应避免结构墙体的平面外受弯，将楼板、梁在墙体的端支座设计为简支。
8. 非结构隔墙应采取措施与周边结构构件可靠连接。
9. 设备洞口宜设置在非结构墙体上。当设备洞口设置在承重墙上时，应避免小墙垛以及独立砖柱的出现。

D2.1.2.2 推广选用大开间混凝土小型空心砌块砌体结构，提高建筑结构的适应性。

D2.1.2.3 应采取措施防止和减轻墙体开裂。

D2.1.3 砌体结构的施工

应采取措施减少现场施工工序和湿作业工作量，提高结构施工的工厂化、预制化程度。

1. 采用装饰、保温、承重一体化的墙体材料。
2. 采用工厂化部件。

D2.1.4 砌体结构的使用维护

D2.1.4.1 砌体结构的房屋使用期间，应保证建筑结构的使用安全，未经设计许可，不应削弱结构构件截面尺寸、改变结构布置，如剔凿墙体水平槽，在构件上开凿洞口，随意增加或拆除结构构件等。

D2.1.4.2 进行房屋改造时，应由专业设计、施工人员制定改造方案，采取适当的加固措施。

D2.1.5 砌体结构的拆除、回收、利用

D2.1.5.1 应采用适当的方式进行拆除，严禁野蛮施工。拆除时应采取围挡措施，减少粉尘扩散。

D2.1.5.2 宜采取以下措施提高砌体结构的回收利用率。

1. 建筑废渣粉碎后制成砂浆直接利用。
2. 钢筋回收再加工。
3. 砖、混凝土等废料经破碎后代砂使用，用于砌筑砂浆、抹灰砂浆、打混凝土垫层等，还可用于制作砌块、铺道砖、花格砖等建材制品。
4. 碎砖瓦、碎石、碎混凝土块等废弃物可作为填料，用于复合载体夯扩桩等工程中。
5. 拆除的混凝土可用于再生混凝土的制作。

D2.1.6 主要技术经济指标

材料用量的指标范围可参考表D2.1.6－1和表D2.1.6－2中的建议值。

砖砌体结构材料用量建议值 表D2.1.6－1

建筑类型	别墅	住宅	公共建筑
水泥（$t/100m^2$）	20.9～28.1	10.2～14.4	10.2～14.4
用钢量（$t/100m^2$）	2.8～4.2	2.2～3.0	2.2～3.0
混凝土（$t/100m^2$）	34.0～25.6	17.9～26.3	17.9～26.3
墙材（$m^3/100m^2$）	35.7～52.5	21.0～31.4	21.0～31.4

注：1. 此处砖砌体特指普通烧结实心砖砌体。
2. 砖砌体墙材指承重墙。
3. 其他种类的砖砌体可以参照此表。

小砌块砌体结构材料用量建议值 表D2.1.6－2

<table>
<tr><th>建筑类型</th><th colspan="2">别墅</th><th>住宅</th><th>公共建筑</th></tr>
<tr><td>水泥（$t/100m^2$）</td><td colspan="2">13.3～18.7</td><td>10.2～14.4</td><td>10.2～14.4</td></tr>
<tr><td>用钢量（$t/100m^2$）</td><td colspan="2">2.8～3.8</td><td>2.8～3.8</td><td>2.8～3.8</td></tr>
<tr><td rowspan="2">混凝土（$t/100m^2$）</td><td>8度区</td><td>17.8～24.4</td><td rowspan="2">18.8～27.6</td><td rowspan="2">18.8～27.6</td></tr>
<tr><td>7度区及以下</td><td>14.8～17.0</td></tr>
<tr><td>墙材（$m^3/100m^2$）</td><td colspan="2">24.1～33.3</td><td>17.5～26.2</td><td>17.5～26.2</td></tr>
</table>

注：砌块砌体墙材指混凝土砌块承重墙。

D2.2 钢筋混凝土结构

钢筋混凝土结构的绿色性能与技术选型的关联性和要点：与其他结构体系相比，框架－抗震墙结构、抗震墙结构的能源消耗、资源消耗、CO_2 排放量指标均偏高。应通过选择体型规则、受力合理的结构形式，控制水泥用量和钢材用量，从而获得较好的绿色性能。

D2.2.1 钢筋混凝土结构的材料选择

D2.2.1.1 材料的选择应遵循因地制宜、就地取材的原则，优先采用省资源、省能源的水泥，采用高性能绿色混凝土。材料运输半径不宜大于100km。

D2.2.1.2 混凝土强度等级应与建筑结构的受力需要相适应。高层结构的墙、柱应采用高强混凝土，减少构件截面和混凝土用量，增加使用空间。梁、板及层数较低的房屋结构墙、柱可采用普通混凝土。

D2.2.1.3 优先选用高强钢筋，减少钢筋用量。在普通混凝土结构中，优先选用HRB400热轧带肋钢筋；在预应力混凝土结构中，推广使用中、高强螺旋肋钢丝以及三股钢绞线，替代低碳冷拔钢丝、冷轧带肋钢筋及冷拉钢筋。

D2.2.1.4 隔墙材料应选用轻质、节能、环保的材料（如加气混凝土墙板、陶粒混凝土墙板、轻钢龙骨纸面石膏板、加气混凝土砌块、陶粒混凝土砌块、空心石膏砌块等），减轻房屋自重。

D2.2.2 钢筋混凝土结构的技术措施

D2.2.2.1 钢筋混凝土结构宜采取以下措施，减少混凝土和钢筋的用量。

1. 结构布置力求规则、简单；抗震设计时，高层建筑宜避免采用复杂结构体型，如错层结构、带转换层结构、连体结构等。

2. 不应采用单跨框架结构。

3. 抗震设防地区，不应采用全部为短肢抗震墙的抗震墙结构。

4. 8、9度抗震设防地区，当建筑层数大于等于4时，不宜采用纯框架结构，应增设部分抗震墙，减小梁柱截面，控制结构侧移。

5. 采用抗震墙、框架－抗震墙结构时，抗震墙数量要适当、合理，应增强周边抗震墙刚度，减少扭转影响，尽量使结构平面的刚度中心与建筑物的质量中心接近；纵横抗震墙两个方向的刚度宜接近，住宅建筑的分户墙宜为抗震墙。

6. 在建筑方案或初步设计中，可参考表D2.2.2.1－1确定抗震墙的数量和位置。当设计烈度或场地类别不同时，可根据表中数值增减。

不同烈度、场地下抗震墙的数量和位置　　表 D2. 2. 2. 1 -1

设计条件	$\frac{A_w}{A_f}$	$\frac{A_w+A_c}{A_f}$
7 度、II 类场地	2% ~3%	3% ~5%
8 度、II 类场地	3% ~4%	4% ~6%

注：1. 层数多、高度大的框架－抗震墙结构宜取表中上限值。
2. 抗震墙截面面积——A_w；楼面面积——A_f；柱截面面积——A_c。
3. 此表来自于：杨春秀. 建筑结构设计技术措施［M］. 北京：中国建筑工业出版社，1994。

7. 较高的高层和超高层建筑应选用筒体结构。各种筒体的长宽比、高宽比不宜太大，不应超过规范限制。

8. 筒中筒结构可通过设置加强层减小结构侧移。

9. 8、9 度抗震设防地区不应采用异形柱框架结构；采用异形柱框架结构时，非结构墙体应采用轻质材料，减轻房屋自重，严格控制异形柱的轴压比；抗震设计时，异形柱结构不应采用多塔、连体或框支等复杂结构形式。

10. 大跨结构可采用预应力结构。

11. 8、9 度抗震设防地区的高层建筑，宜采用减震隔震技术和措施，减小结构地震反应，减少结构材料用量。

D2. 2. 2. 2　设备留洞应尽量在非结构墙体上留设；当设置在承重构件上时，应与结构专业紧密配合，避免设置在框支梁柱、异形柱等重要构件上；洞口大小、位置要适当，并采取加强措施，避免对结构构件的受力性能削弱过大。

D2. 2. 2. 3　应采取措施防止和减轻墙体开裂。

D2. 2. 3　钢筋混凝土结构的施工

D2. 2. 3. 1　宜使用商品混凝土，在条件许可时采用预制构件，如预制楼板、楼梯、墙板、梁、柱等，提高工厂化、预制化程度，减少施工现场湿作业量。

D2. 2. 3. 2　应采用可多次使用，不易变形、破损的模板，节省模板用量；抗震墙、筒体的施工宜采用大模（大模内置）、滑模或爬模体系，提高施工速度，节省模板耗材。

D2. 2. 3. 3　混凝土施工宜采用泵送，钢筋、模板、预制构件的垂直运输宜采用塔吊、电梯等，加快施工速度。

D2. 2. 4　钢筋混凝土结构的使用维护

D2. 2. 4. 1　使用中不应在混凝土构件上随意剔槽、开凿洞口，改变结构受力状态。

D2. 2. 4. 2　进行房屋改造时，应由专业设计、施工人员制定改造方案，采取适当的加固措施。

D2.2.5 钢筋混凝土结构的拆除回收利用

D2.2.5.1 宜采用机械或爆破方式进行拆除，严禁野蛮施工；拆除前应制定详细的拆除方案，节约人力、物力，并保证人员和周围建筑物的安全；拆除时采取围挡措施，减少粉尘扩散。

D2.2.5.2 应采取措施提高钢筋混凝土的回收利用率。

1. 研究开发分离钢筋和混凝土的新技术，提高钢筋的回收使用效率。

2. 加强解体混凝土块的再利用，如用作复合载体夯扩桩的填料，制作再生骨料混凝土；混凝土等废料经破碎后代砂使用，用于砌筑砂浆、抹灰砂浆、打混凝土垫层等，还可用于制作砌块、铺道砖、花格砖等建材制品。

3. 充分利用搅拌站废料，提高退返混凝土的利用率。将退返混凝土洗净，回收骨料；或在工厂内将退返混凝土硬化，破碎成小块，用作路基材料。

4. 在拆除建筑物或制造混凝土再生骨料时，产生的微粉用作水泥原料、混凝土掺合料，或高压蒸养的混凝土掺合料。

D2.2.6 主要技术经济指标

钢筋混凝土结构的材料用量指标可参考表D2.2.6-1～表D2.2.6-3的建议值。

混凝土框架结构材料用量建议值 表D2.2.6-1

建筑类型	别墅	住宅		公共建筑	
水泥（t/100m²）	13.4～36.4	8度区	20.8～23.4	8度区	24.4～30.8
		7度区及以下	13.8～21.8	7度区及以下	18.3～26.3
钢（t/100m²）	4.8～6.8	8度区	5.1～7.7	8度区	6.6～9.0
		7度区及以下	4.1～5.9	7度区及以下	6.0～7.4
混凝土（t/100m²）	27.9～40.7	8度区	27.9～40.7	8度区	27.9～40.7
		7度区及以下	28.9～33.7	7度区及以下	28.9～33.7
墙材（m³/100m²）	7.1～29.9	8.3～13.1		8.3～13.1	

注：混凝土框架墙材指填充墙材。

混凝土抗震墙结构材料用量建议值 表D2.2.6-2

建筑类型	别墅	住宅	公共建筑	
水泥（t/100m²）	25.6～31.6	22.6～28.0	30.3～34.9	
钢（t/100m²）	6.5～8.1	6.5～8.1	8度区	8.9～10.3
			7度区及以下	7.7～8.9
混凝土（t/100m²）	39.8～50.4	37.4～42.4	37.4～42.4	
墙材（m³/100m²）	0.8～10.8	0.8～10.8	0.8～10.8	

注：混凝土抗震墙墙材指填充墙材。

混凝土框架－抗震墙结构材料用量建议值　　表 D2.2.6－3

建筑类型	别墅	住宅	公共建筑	
水泥（$t/100m^2$）	25.6～31.6	22.6～28.0	30.3～34.9	
钢（$t/100m^2$）	6.5～8.1	6.5～8.1	8度区	8.9～10.3
			7度区及以下	7.7～8.9
混凝土（$t/100m^2$）	39.8～50.4	37.4～42.4	37.4～42.4	
墙材（$m^3/100m^2$）	4.6～11.2	4.6～11.2	4.6～11.2	

注：混凝土框架－抗震墙墙材指填充墙材。

D2.3　钢结构

钢结构的绿色性能与技术选型的关联性和要点：与其他结构相比，钢结构的资源消耗、材料用量、工厂化程度和回收利用率具有优势，因此其绿色性能较好。

钢材用量是影响钢结构绿色性能的主要指标。应通过结构的合理选型和平面优化等措施，控制用钢量，获得更好的绿色性能。

D2.3.1　钢结构的材料选择

D2.3.1.1　应根据结构的重要性、荷载特征、结构形式、应力状态、连接方法、钢材厚度和工作环境等因素综合考虑，选用合适的钢材牌号和材性，避免“大材小用、小材大用”。

D2.3.1.2　对于由变形控制的结构应首先调整并优化结构布置和构件截面，增加结构刚度；对于由强度控制的结构应优先选用高强材料。

D2.3.1.3　高层钢结构和大跨空间结构宜选用轻质高强钢材，围护材料应采用轻质、节能、环保的材料，减轻建筑结构自重，减少钢材用量。

D2.3.1.4　对处于外露环境且对耐腐蚀性有特殊要求的或在腐蚀性气态和固态介质作用下的承重结构，宜采用耐候钢，减少后期维护费用，提高建筑结构的使用寿命。

D2.3.1.5　钢构件的防腐、防火、隔热应采用环保型材料，减少环境污染。

D2.3.2　钢结构的技术措施

D2.3.2.1　结构布置力求规则、简单，避免采用不规则的体型；结构体系应具有合理的刚度和承载力分布，避免因局部削弱或突变形成薄弱部位，产生过大的应力集中或塑性变形集中。

D2.3.2.2　钢结构建筑应优先采用具有空间作用的结构体系，充分利用材料强度。

D2.3.2.3　除特殊厂房外，钢结构厂房应优先采用轻型钢结构，如门式刚架、网架屋面等。

D2.3.2.4　轻质外围护墙体与主体结构应采用柔性连接方式，以减小墙体对结构刚度的影响，减小地震反应。

D2.3.2.5　高层钢结构建筑宜选用风压较小的平面形状，并应考虑邻近高层建筑物对该建筑物风压的影响。在体形上应避免在设计风速范围内出现横向风振动。

D2.3.2.6　选择空间结构时，应尽量采用拉、压构件，避免受弯构件的出现。

D2.3.2.7　8、9度抗震设防地区的高层建筑，宜采用减震隔震技术和措施，减小结构地震反应，减少钢材用量。

D2.3.2.8　应避免在承重钢构件上设置设备洞口，以免削弱其受力性能，造成结构钢材用量的增多。

D2.3.3　钢结构的施工

D2.3.3.1　合理布置钢构件连接节点的位置，提高节点的工厂化程度，满足构件使用和施工阶段的受力要求，减小运输难度。

D2.3.3.2　应选择近距离的有资质钢结构加工企业，减小运输耗能。

D2.3.3.3　应强化现场管理及构件进场计划，合理布置堆场，优化构件的堆放顺序，保证验收工作和吊装工作的平行进行，缩短工期。

D2.3.3.4　钢结构的现场连接宜采用高强螺栓，减少现场的焊接工程量，提高构件拼接节点延性，减少环境对结构的影响。

D2.3.4　钢结构的使用维护

D2.3.4.1　对防火等级要求高的钢结构建筑（如油漆车间、易燃材料仓库等）必须采取防火措施，如喷涂防火涂料，采用水喷淋系统等。

D2.3.4.2　对钢结构应采用涂防锈漆等防腐措施，并根据具体情况经常维修和保养。钢柱柱脚在地面以下部位应采用强度等级不低于C20的混凝土包裹，其保护层厚度不应小于50mm。有侵蚀介质厂房的受力构件，其型钢厚度不得小于8mm，受力焊缝厚度不宜小于8mm。

D2.3.4.3　当钢结构表面温度处于150℃以上时，必须根据不同耐火等级设计要求，采取相应的隔热防护措施。

D2.3.4.4　在大跨空间钢结构中，宜设置马道用来悬挂或检修灯具、设备。

D2.3.4.5　在钢索结构中，必须进行钢索防护，减少维护工作量，延长钢索的使用寿命。

D2.3.4.6　钢结构住宅的使用与维护应着重加强钢构件的防火与防腐措施，注意改建或装修时不要损伤钢构件的保护层。如有损伤，应由专业人员及时进行修补。

D2.3.5 钢结构的拆除、回收、利用

D2.3.5.1 应大力发展与钢结构构件拆除和回收有关的技术及产业；在拆除过程中，应做好钢构件与围护构件的保护工作，提高材料的重复利用率。

D2.3.5.2 应研究开发可回收再利用的膜材。

D2.3.6 主要技术经济指标

钢结构房屋的材料用量可参考表 D2.3.6－1～表 D2.3.6－3 的建议值。

钢框架结构的材料用量指标建议值　　表 D2.3.6－1

建筑类型	别墅	住宅	公共建筑
水泥（$t/100m^2$）	5.8～26.0	5.8～26.0	5.8～26.0
钢（$t/100m^2$）	3.5～7.5	5.8～8.0	7.1～9.6
墙材（$m^3/100m^2$）	7.1～29.9	4.6～13.1	4.6～13.1

注：钢框架墙材指填充墙材。

我国近年 200m 以上钢结构高楼的结构用钢量统计　　表 D2.3.6－2

建造时期	统计总数	200m 以上的栋数	总建筑面积（$\times 100m^2$）	总用钢量（$\times 10^4 t$）	平均用钢量（$t/100m^2$）
20 世纪 80 年代	11	1	73.4	9.0	12.3
20 世纪 90 年代	15	5	140.8	11.4	9.5
在建工程	10	4	120.0	4.0	8.3

注：此表来自刘大海、杨翠如编著的《高楼钢结构设计》。

大跨空间钢结构用钢量建议值（$t/100m^2$）　　表 D2.3.6－3

网架、网壳		桁架		门式刚架建议值		
跨度（m）	建议值	跨度（m）	建议值	跨度（m）	单跨	双跨
25～30	1.2～1.8	50～140	7.8～11.2	15～30	2.0～3.0	
30～40	1.5～3.0			30～60	3.0～4.5	
40～60	2.5～4.0			30～54		1.7～2.6
60～80	3.5～5.0			54～66		2.5～3.0
80～100	4.0～6.5			54		

D2.4 钢－混凝土结构

钢－混凝土结构的绿色性能与技术选型的关联性和要点：与其他结构相比，钢－混凝土结构的资源消耗、材料用量、回收利用率具有优势，因此其绿色性能较好。

钢材用量与水泥用量是影响钢–混凝土结构绿色性能的主要指标，尤其是钢材用量。应通过结构的合理选型和平面优化等措施，控制材料用量，获得更好的绿色性能。

D2. 4. 1 钢管混凝土结构

D2. 4. 1. 1 钢管的截面形式优先采用圆形钢管，充分发挥钢管对核心混凝土的紧箍作用，也可采用方形或矩形钢管。混凝土强度等级应与钢管钢号相匹配，可参照下列材料组合：Q235 钢配 C30 ~ C40 级混凝土，Q345 钢配 C40 ~ C60 级混凝土，Q390 钢配C50 ~ C60 级及以上混凝土。

D2. 4. 1. 2 钢管混凝土杆件的含钢率宜为 0. 04 ~0. 20。

D2. 4. 1. 3 电气、设备安装布置时，不应削弱钢管混凝土构件截面。

D2. 4. 1. 4 混凝土的水灰比应控制在 0. 45 及以下；可以掺入引气量小的减水剂；对于直径大于500mm 的钢管混凝土柱，管内混凝土宜选用自补偿或微膨胀混凝土。

D2. 4. 1. 5 管内混凝土的施工，应优先采用施工速度快、易保证质量的施工方法。

D2. 4. 1. 6 钢管混凝土结构应采取防火与防腐措施。

D2. 4. 2 型钢混凝土结构

D2. 4. 2. 1 型钢混凝土构件中的型钢骨架应优先选用高性能结构钢，减小构件截面和用钢量。

D2. 4. 2. 2 型钢混凝土结构应满足"强节点、弱杆件"，"强柱弱梁"，"强剪弱弯"的抗震设计原则。

D2. 4. 2. 3 不宜在型钢翼缘上留设钢筋贯穿孔；必须在柱内型钢腹板上留设钢筋贯穿孔时，截面损失率宜小于腹板面积 25%。

D2. 4. 2. 4 设备管道、管线布置安装时，不应削弱型钢混凝土构件截面。

D2. 4. 2. 5 宜采取以下措施，减小施工难度。

1. 型钢混凝土框架梁柱节点的连接应做到构造简单，传力明确，便于混凝土浇捣和钢筋绑扎。

2. 柱的型钢骨架和钢筋布置，应考虑梁钢筋的贯穿。

3. 当构件的节点构造较复杂时，应考虑在型钢的适当位置留设排气孔。

D2. 4. 2. 6 型钢混凝土的施工需要不同的专业施工队伍交叉配合，应加强现场管理，严格控制施工过程。

D2. 4. 2. 7 型钢混凝土在使用过程中不需特别维护，但严禁私自拆改。

D2. 4. 3 高层建筑中的钢–混凝土结构

D2. 4. 3. 1 应优先选用高性能钢材、高强轻质混凝土、高强钢筋。

D2.4.3.2 结构平面布置应减少扭转的影响，不应采用不规则的结构体系。

D2.4.3.3 设备管线、洞口应尽量结合轻质隔墙进行设置，避免在钢框架梁、柱上开设洞口。

D2.4.3.4 高层钢－混凝土结构施工需要不同的专业施工队伍交叉配合，应加强现场管理，严格控制施工过程。

D2.4.3.5 高层钢－混凝土结构中的钢构件应采取防火与防腐措施；混凝土构件及型钢混凝土构件不需特别的维护。

D2.4.3.6 高层钢－混凝土结构应采取措施提高钢筋混凝土部分的回收利用率。

D2.4.4 主要技术经济指标

高层钢－混凝土结构的材料用量指标可参考表 D2.4.4－1 的建议值。

钢－混凝土结构材料用量建议值 表 D2.4.4－1

建筑类型	住宅	公共建筑
水泥（$t/100m^2$）	5.8～26.0	5.8～26.0
钢（$t/100m^2$）	5.8～8.0	7.1～9.6
墙材（$m^3/100m^2$）	4.6～13.1	4.6～13.1

注：钢－混凝土结构墙材指填充墙材。

D2.5 土木石结构

土木石结构的绿色性能与技术选型的关联性和要点：土木石结构房屋的结构材料取自自然、可循环使用，施工简单、耗能少、对环境冲击小，节省能源，是一种绿色性能较好的结构形式。

土木石结构房屋应采用当地成熟的结构形式和施工技术，利用现代先进技术对传统工艺加以改进，提高建筑结构的绿色性能。富有民族特色的地区，设计时应保留当地传统特色。

D2.5.1 土结构房屋

D2.5.1.1 富土地区建造土结构房屋时，应就地取材；其他地区不宜采用土结构，避免造成对土地，特别是耕地的破坏。

D2.5.1.2 土结构房屋应避开易产生滑坡、山崩的地段。

D2.5.1.3 土结构房屋应采取措施加强结构的抗震性能，如加设拉结材料、设置圈梁等。

D2.5.1.4 应采用轻屋面材料，减轻房屋自重，减少结构负荷。

D2.5.1.5 应做好防潮、防水措施，延长建筑结构使用寿命。

D2.5.1.6　应采取措施，防止因基础不均匀沉降导致墙体产生裂缝。

D2.5.1.7　使用过程中，应经常对结构进行检查，发现问题及时维修。

D2.5.1.8　拆除时应采取措施减少粉尘的扩散。

D2.5.2　木结构房屋

D2.5.2.1　对于木材充足的小城镇地区，可以考虑使用木结构。富竹地区可以竹代木，采用竹木结构。

D2.5.2.2　城市木结构房屋，应利用速生丰产林生产的高强复合工程用木材，提高材料本地化程度，减少运输能耗。

D2.5.2.3　宜选用以木材为受压或受弯构件的结构形式，充分发挥木材的受力性能，节约木材用量。

D2.5.2.4　木屋盖宜采用外排水，若必须采用内排水时，不应采用木制天沟，减少木构件的腐烂，延长建筑结构使用寿命。

D2.5.2.5　应做好木结构的通风、防潮、防虫蛀和防火措施。

D2.5.2.6　城市木结构建筑应采用模数化设计、工厂化加工和机械化安装。

D2.5.2.7　使用中应对木结构构件进行定期检查、维护，如发现潮湿、腐烂、虫蛀等问题及时采取措施。

D2.5.2.8　木结构房屋拆除后，木材应重复利用或回收，提高回收利用率。

D2.5.3　石结构

D2.5.3.1　材料的选择应遵照因地制宜、就地取材的原则，减少运输成本。

D2.5.3.2　当有振动荷载时，墙、柱不宜采用毛石砌体。

D2.5.3.3　应充分利用石材作为建筑物的承重墙柱，应避免使其受弯，减小石结构构件的剪力。

D2.5.3.4　抗震设防地区的石结构房屋应采取加设构造柱、圈梁、设置钢筋网片、进行灰缝灌浆等措施，提高结构的抗震性能。

D2.5.3.5　高抗震设防烈度地区，宜采取措施减小地震作用，如采用隔震减震技术和措施。

D2.5.3.6　应采取措施防止或减少石结构墙体的开裂。

D2.5.3.7　石结构房屋拆除后，石材应重复利用或回收，如利用碎石制作混凝土等，提高回收利用率。

D2.6　隔震结构体系

D2.6.1　隔震层应提供必要的竖向承载力、侧向刚度和阻尼；穿过隔震层的设备配管、配线，应采用柔性连接或其他有效措施适应隔震层的罕遇地震水平位移。

D2.6.2 应确保隔震层结构面没有凹凸。隔震层梁下空间不宜小于1.2m，满足建筑空间和照明设施、保证隔震设施和管线的检查与日常维护要求。

D2.6.3 在用于检查的楼梯入口处，应划定防火区，并设置隔震层检查用入口等标识。

D2.6.4 应设置升降口、采光井等较大的通道空间，满足隔震层内的隔震构件或设备管道维修更换时的机械、管材等运输要求。

D2.6.5 设计文件中应注明对隔震部件的性能要求，安装前应对工程中所用的各种类型和规格的原型部件进行抽样检测，每种类型和每一规格的数量不应少于3个，抽样检测的合格率应为100%。

D2.6.6 隔震结构在长期使用过程中应建立完善的维护管理体制，使建筑物的周围始终保有足够的空间和必要的设施，以确保大震时建筑物的上部结构能自由地移动，保证隔震层的功能。维护管理项目见表D2.6.6－1。

维护管理项目 表D2.6.6－1

部位	必要的性能	管理项目	管理方法
隔震构件	能安全支承建筑物	外观检查 徐变 位移 刚性 变形能力 衰减能力	有无损伤 测定竖向位移 测定水平位移 外观检查 测试备用件
隔震层建筑外沿	不妨碍建筑水平位移	间隙 有无障碍物	测定间隙大小 目测查找障碍物
设备管线可挠部位	具有适应位移的能力	形状 有无损伤	目测检查 有无漏水等

D2.6.7 由于建筑物的业主、管理人及使用者在若干年后有可能变更，应在建筑物的显著位置标明该建筑是隔震建筑。

D2.6.8 设置隔震部件的部位，除按计算确定外，应采取便于检查和替换的措施。

参考文献

[1] 陈章洪. 建筑结构选型手册 [M]. 北京：中国建筑工业出版社，2000.

[2] 曹善琪. 民用建筑可行性研究与快速报价 [M]. 北京：中国建筑工业出版社，2002.

[3] 中国建筑材料科学研究院. 建筑材料环境负荷指标及评价体系的研究. 内部资料，2005.

[4] 中国建筑材料科学研究院. 绿色建材与建材绿色化 [M]. 北京：化学工业出版社，2003.

[5] 中国建筑设计研究院. 可持续居住区研究 [R]. 国家"十五"科技攻关计划项目—居住区及其环境的规划设计研究第三专题研究报告，内部资料，2004.

[6] 邓南圣，王小兵. 生命周期评价 [M]. 北京：化学工业出版社，2003.

[7] 中国能源研究会. 中国能源五十年 [M]. 北京：中国电力出版社，2002.

[8] 绿建筑解说与评估手册. 内部资料，2001.

[9] 周玉鹏，宋晔皓. 可持续性建筑 [M]. 北京：中国建筑工业出版社，2003.

[10] 邱法维，钱家茹，陈志鹏. 结构抗震实验方法 [M]. 北京：北京科协出版社，2000.

[11] 中国建筑设计研究院，天津大学建筑学院. 可替代黏土砖的新型多层住宅建筑体系选型 [R]. 国家"十五"科技攻关计划项目——小城镇绿色住宅产业技术研究与开发第三专项研究报告之二（第八分项），内部资料，2005.

[12] 建筑抗震设计规范（GB 50011—2010）.

[13] 砌体结构设计规范（GB 50003—2001）.

[14] 混凝土小型空心砌块建筑技术规程（JGJ/T 14—2004）.

[15] 混凝土结构设计规范（GB 50010—2000）.

[16] 高层建筑混凝土结构技术规程（JGJ 3—2002）.

[17] 钢结构设计规范（GB 50017—2003）.

[18] 高层民用建筑钢结构技术规程（JGJ 99—98）.

[19] 型钢混凝土组合结构技术规程（JGJ 138—2001）.

[20] 高层建筑钢-混凝土混合结构设计规程（CECS 230：2008）.

[21] 矩形钢管混凝土结构技术规程（CECS 159：2004）.

[22] 钢管混凝土结构设计与施工规程（CECS 28：90）.

[23] 钢-混凝土组合结构设计规程（DL/T 5085—1999）.

[24] 建筑抗震试验方法规程（JGJ 101—96）(S).

[25] 刘大海，杨翠如. 型钢钢管混凝土高楼计算和构造 [M]. 北京：中国建筑工业出版社，2003.

[26] 康文华，张黛微，鸣琦. 陕港共建农村生态实验小学 [N]. 陕西日报，[2005—01—12].

[27] 日本免震构造协会. 国外建筑设计详图图集 8—减震建筑设计与细部 [M]. 北京：中国建筑工业出版社，2006.

[28] 杨春秀. 建筑结构设计技术措施 [M]. 北京：中国建筑工业出版社，1994.

[29] 绿建筑设计资料 [OL]. 绿建筑—生态环保相关建材网 http：//www. fuh3. com. tw/g-build. htm.

[30] 周福霖，俞公骅，冼巧玲，等. 多层和高层建筑结构减震控制新体系 [J]. 工程抗震，1994，9（3）.

[31] 刘大海，杨翠如. 高楼钢结构设计 [M]. 北京：中国建筑工业出版社，2003.

[32] 韩林海，杨有福. 现代钢管混凝土结构技术 [M]. 北京：中国建筑工业出版社，2004.

[33] 浙江大学建筑工程学院，浙江大学建筑设计研究院. 空间结构 [M]. 北京：中国计划出版社，2003.

[34] 鲍广鑑. 超高层钢结构施工技术与管理 [OL]. [2005—04—19]. 中国工程建设网 http：//www. cacem. com. cn.

[35] 吴中伟. 绿色高性能混凝土与科技创新 [J]. 建筑材料学报，1998，1（1）.

[36] 包世华，方鄂华. 高层建筑结构设计（第二版）[M]. 北京：清华大学出版社，1990.

[37] 混凝土异型柱结构技术规程（JGJ 14—2006）.

[38] 王飞. 框轻结构住宅浅谈 [J]. 河南建材，2003（3）.

[39] 尹美华，王真安. 宿舍楼异型框架设计 [J]. 住宅科技，2005（3）.

[40] 河北省 CL 结构体系设计规程（DB13/T（J）26—2003）.

[41] 晶达建筑体系发展公司. CL 建筑体系技术标准及图例汇编. 内部资料，2003.

[42] 张玉洁，任峻岭. CL 结构体系的设计实例分析 [J]. 山西建筑，2005，31（11）.

[43] 王春梅，崔晓伟. CL 结构体系的施工技术 [J]. 建筑技术，2005（7）.

[44] 保温砌模现浇钢筋混凝土网格剪力墙建筑技术规程（DBJ01—620—2004）.

[45] 童丽萍. 传统生土窑居的灾害及民间防灾营造 [J]. 建筑科学，2008，24（12）.

[46] 刘小军，王铁行，赵彦峰. 黄土窑洞病害调查及分析 [J]. 地下空间与工程学报，2007，3（6）.

[47] 牛新平，汪澜. 西北地区发展绿色建筑可行性探究 [J]. 建筑，2001（7）.

[48] 马程. 体育馆屋面结构新材料、新工艺应用 [R]. 2005 年体育建筑分会年会资料汇编，内部资料.

[49] 清华大学国际工程项目管理研究院和建筑环境与设备工程研究所. 中国木结构建筑与其他结构建筑能耗和环境影响比较 [R]. 2006.

[50] 何敏娟. 北美“轻型木结构”住宅建筑的特点 [J]. 结构工程师，2004（1）.

[51] 张莉. 我国高层住宅建筑的绿色研究 [R]. 2006 年清华大学建筑学院硕士论文.

[52] 中国建筑设计研究院等. 绿色建筑的结构体系与评价方法研究 [R]. 国家“十五”科技攻关项目——绿色建筑关键技术研究第二课题研究报告，内部资料，2006.

[53] 住房和城乡建设部建筑节能与科技司. 首届新型建筑结构体系——节能与结构一体化技术研讨会会议论文集 [R]. 内部资料，2009.